专业度

成为解决难题的高手

Juno◎著

PROFESSIONALISM

中国水利水电出版社
www.waterpub.com.cn
·北京·

内 容 提 要

　　不管在哪个领域，专业度都是衡量一个人能力的重要因素，也是决定一个人能够走多远的关键。可以说，对专业度的修炼，才真正影响一个人的人生走向。常有一些人，在自己的本职工作还没有做好的情况下，就忙着接触其他领域，忽视专业技能的打磨，结果往往什么都不精通。

　　本书以"专业度"为话题，从斜杠的前提、成长的要领、行业的深度认知、职场硬道理、应对变化五个方面助你走出职业误区，成为行业里的高手。

图书在版编目（CIP）数据

专业度：成为解决难题的高手 / Juno著. -- 北京：中国水利水电出版社，2020.11
ISBN 978-7-5170-9022-9

Ⅰ.①专… Ⅱ.①J… Ⅲ.①成功心理－通俗读物
Ⅳ.①B848.4-49

中国版本图书馆CIP数据核字(2020)第206437号

书　　名	专业度：成为解决难题的高手 ZHUANYEDU: CHENGWEI JIEJUE NANTI DE GAOSHOU
作　　者	Juno 著
出版发行	中国水利水电出版社 （北京市海淀区玉渊潭南路1号D座　100038） 网址：www.waterpub.com.cn E-mail：sales@waterpub.com.cn 电话：（010）68367658（营销中心）
经　　售	北京科水图书销售中心（零售） 电话：（010）88383994、63202643、68545874 全国各地新华书店和相关出版物销售网点
排　　版	北京水利万物传媒有限公司
印　　刷	天津旭非印刷有限公司
规　　格	146mm×210mm　32开本　8.25印张　170千字
版　　次	2020年11月第1版　2020年11月第1次印刷
定　　价	45.00元

目 录 CONTENTS

第一章　斜杠的前提，是你足够专业

第二章　掌握成长的要领，最大限度把握自己的命运

第三章
你永远赚不到认知之外的钱

第四章
专业的人做专业的事，才是职场硬道理

Chapter **Five**

第五章 专业，在变化的时代获胜的方式

Chapter **One**

第一章

斜杠的前提，是你足够专业

厉害的人，都具有多元思维模型

　　不知道你有没有看过电影《贫民窟的百万富翁》，贫民窟出生的主角贾马尔为了找到并救回自己心仪的女孩，参加了一档答题赢大奖的节目，这么一个从小失去母亲，缺乏教育机会的男孩儿，却意外打败了那些受过高等教育的知识分子，获得了终极大奖，成了一名从贫民窟出来的百万富翁。

　　这样的故事多少具有传奇性，但故事的情节设置却非常巧妙。

　　主持人问的第一个问题是，1973年的动作电影《囚禁》的主演是谁？

　　这个问题对于贾马尔来说一点儿也不难，《囚禁》的主演是他小时候的偶像，他还曾为了要到偶像的签名而掉进了粪坑。

　　当主持人问到第三个问题"教义中描述的罗摩神，他的右手里握着的是什么"时，贾马尔回想到多年前，母亲死于宗教冲突的那一天，逃跑过程中，刚好看见一个打扮成罗摩神的小孩儿，他驻足了几秒，打量了下对方的衣着首饰，发现对方右手里握着弓和箭。

自然，这个问题也答对了。

这些问题当然不是贾马尔在书本上学到的，而是一路流浪生存的收获。

贾马尔一路过关斩将，观众也好，主持人也好，都怀疑他提前知道了题目。但事实是，正因为贾马尔没有受过教育，流浪过很多城市，接触过形形色色的人，才比只待在实验室的科学家更能从容应对复杂的世界。

其实人生何尝不是一场答题通关游戏，不是你学了一门专业，就会在职场、生活中遇到自己擅长的问题。反而，你会越来越意识到，只学自己的专业，是根本无法应对自己将要面对的事情的。

因此，我们需要具有"多元思维模型"。

什么是多元思维模型?

巴菲特的黄金搭档和"秘密武器"，同时也是著名投资人的查理·芒格，曾在《穷查理宝典》中提出"多元思维模型"。

所谓的多元思维模型，就是掌握多种学科的重要理论，并自如地运用它们。

他认为："你必须知道重要学科的重要理论，并经常使用它们——要全部都用上，而不是只用几种。

"大多数人都只使用学过的一个学科的思维模型，比如说经济学，试图通过一门专业学科来解决所有问题。就像在手里拿着铁锤的人看来，世界就像一颗钉子，这是一种处理问题的笨方法。

"你需要的是，在你的头脑里形成一种思维模型的复式框架。有了那个系统之后，你就能逐渐提高对事物的认知。"

真正大师级的投资人，往往"不务正业"，涉猎多个领域，在判断一个项目是否值得投资时，他们不会简单地用投资模型来决定，而是往往会加入其他学科的模型。

譬如查理·芒格会在谈论投资的安全边际时，用到工程学的"冗余思维模型"。工程师在设计桥梁时，会给它一个后备支撑系统以及额外的保护性力量，以防倒塌——投资策略也应该如此。

世界上很多东西都是复杂无序、不可预测的，包括商业，包括投资，包括人生。但你掌握了一种思维模型，就拥有了一条解开谜题的线索，当你掌握了另外一种思维模型，也就拥有了第二条线索。你拥有的思维模型越多，你离谜底和真相就越来越近。

01

为什么要拥有多元思维模型呢？

如果你曾做过公众号，请教过一些所谓的"专家"提高阅读量的方法，那么得到的答案无非是：对热点反应要快，取个吸睛的标题，懂得煽动情绪促进转发，具有审美价值的排版，拥有统一视觉标识的封面图……

但你会发现，即便你的文章都具备了这些要素，也无法成为爆文。

你看一些不按套路出牌、画风清奇的公众号，没有任何一条符合以上的标准和要求，甚至可以称为反面教材，如佛系追热点（几乎不追），冷淡的标题（你爱看不看），灾难般的排版（卖相难看），没有配图（对的，像极了高中时代的作文）等。

可结果呢，不仅阅读量可观，读者黏性也非常高。

而且这些公众号，是我在众多公众号中唯一置顶的几个，因为这些公众号输出的想法和观点，是我在其他公众号上看不到的。

你有没有想过，为什么一些堪称"反面教材"的公众号，反而比一般的公众号阅读量要高？

公众号，做到最后，拼的到底是什么？

是文笔和写作技巧？是谁追热点追得更快？还是捉摸不定的"网感"？

统统不是。

做内容，做到最后，拼的是两个字：认知。

同样追热点，当你好不容易修炼出 2 小时就写完的绝技，有人半个小时就能排完版发出；你绞尽脑汁想出的绝妙标题，结果前脚推送后脚就有更绝妙的标题出现在你的订阅栏中；终于习得煽情绝学，却发现，完了，读者不吃这一套了，后台留言全是在骂你制造焦虑……

文笔可以模仿，追热点速度可以提高，"网感"多刷刷手机就有，唯有认知才是无法被轻易超越的高峰。

而认知源于什么？源于多元思维模型的独到见解，生活阅历和专业领域的相辅相成，以及高屋建瓴的视角和高度。

举个例子来说，如果你是一名产品经理，恰巧又"不务正业"，在工作时间以外还研究点儿心理学，那么当你在做用户调研的时候，你就知道最好的调研不是看他们填写在问卷上的内容，而是作为一个旁观者，让他们打开 App，观察他们的行为轨迹，因为一个人无意识的行为才是最真实的反应。

如果你是一名书封设计，除了知道如何使用各种各样的设计软件以外，还能懂得一些色彩与心理，那你就知道什么样的颜色能够在一排书架中脱颖而出，第一眼就吸引读者的注意力，不仅让书封具有审美价值，同时也具有商业价值。

你看为什么这个世界上存在那么多的 Tony 老师？难道是技术不过关？恰恰相反，是因为他们长期专注于技术的提升，而忽视了审美的重要性。

我去做头发最怕的不是那种说"这个我剪不了"的发型师，而是那种只要你拿照片给他看，他都说"可以做"的发型师。

他们忽略你的脸型、五官特点、潜在诉求等重要因素，对客户的要求唯命是从，生搬硬套照片上的发型。

譬如一个人脸大，想剪个齐刘海遮脸，表面上好像是要剪齐刘海，但实际的诉求是遮脸，那么齐刘海是不是个好的选择呢？未必，如果发型师懂得美学知识，就可以在前期的咨询沟通中提供显脸小的多种方案，譬如剪个龙须刘海，或者剪个斜刘海……

所以说，多元思维模型才是屹立不倒的护城河，你的不可替代性，正是源于多元思维模型构建起来的难以模仿、超越的多维度竞争力。

02

如果你看过几部武侠小说就应该知道，真正的武林高手都并非单单擅长某个门派的武功和心法，而是机缘巧合之下，把江湖上各门派的武功都学了一遍，然后融会贯通，自创武功心法。

先说郭靖，虽然不算是天赋异禀的人才，但也算是后天努力型选手。他不仅会贴身的蒙古摔跤、周伯通传授的空明拳和左右互搏，又学会了降龙十八掌，还得黄药师真传学会了弹指神通。

而杨过呢，也是一名典型的"杂家"，他继承了古墓派的武学，习得了欧阳修的绝学蛤蟆功，除了精通玉女剑法、全真剑法，还得洪七公真传，对打狗棒法也了如指掌。

每个门派的武功都有其短板和盲点，只有了解各个门派的精髓，取长补短，才能成为数一数二的高手。

所以武林高手的一招一式中都藏着各个门派的影子，只有掌握了各个门派的武学精髓，才能在后期融会贯通，自成一派。

职场中也是如此，工作岗位虽然分工明确，但应对工作中出现的复杂问题所需要的思维模型却是多元通用的。

举个例子，一名优秀的产品经理，只拥有产品思维是远远不够的，他还要具备营销思维、心理学知识和数据思维等多元思维模型。

之前听到过一位前腾讯高级产品经理的分享，她用谈恋爱来诠释产品和用户的关系。低段位的人，只会铆足劲儿追求对方，结果往往是被拒绝。中段位的人，懂得投其所好，先了解对方再对症下药，成功率当然大大提升。而高段位的人是怎么做的呢？她把自己打扮得美美的，让别人不自觉地被其吸引，主动靠近。

再举个例子，市面上大多数陌生交友软件，都把拥有共同的兴趣爱好作为重要依据来推荐匹配度高的人，这一机制的底层逻辑是：两个人会因为共同感兴趣的事而互相吸引，产生好感，拥有的共同兴趣爱好越多，就越匹配。

但是，两个人真的会因为对某样东西都感兴趣而互相吸引吗？还是会因为共同讨厌某样东西而彼此吸引呢？

两个人会因为共同喜欢一个明星而有话聊，但更会因为共同讨厌某个明星、某样食物而惺惺相惜，这在心理学上叫作"共谋"。

这颠覆了市面上大多数交友软件存在的底层逻辑。

所以对于产品经理来说，只拥有产品思维是不够的，你还需要了解一些心理学知识，一个对人性有深刻洞察的产品经理才是一个好的产品经理。

武林高手都是先学各个门派的精髓，再融会贯通自创武功心法，而职场高手往往都是跨界思考，用多学科的知识从容应对特定领域的问题。

03

之前看到一个财经博主对房价的分析，他说，除了北上广深，那些新一线城市的房价在未来几年也会快速增长，如果有条件，不妨多入手几套重庆、武汉的房子。

为什么这么说呢？

他阐述了一个事实，那些来到北上广深的外地人，能够买房定居的其实只是很少一部分，那在北上广深买不起房的年轻人会去哪儿呢?

答案就是: 新一线城市。

这里工作机会虽然没有北上广深多,但是比家乡的四五线县城要好,不管是基础设施,还是配套的精神文化消费,都更符合年轻人的需求。

作为一名非经济学人士,我不敢妄自评论这个结论的正确与否,但很多财经博主,会从很多专业角度分析房价,而这位博主,却另辟蹊径,从人口迁移的角度分析房价。

我们常常陷在自己的专业领域,就像一个挑食的孩子,只大口吞咽与自己专业相关的信息,而对其他信息视而不见。这样会导致我们对自己的盲点一无所知,从而做出错误决策。

乔布斯为什么一生能够颠覆六大产业: 个人电脑、动画电影、音乐、移动电话、平板电脑、数字出版,没有受困于非连续窘境,而是一次又一次地进入第二曲线呢?

你可以说他是天才,也可以归功于他独到的商业嗅觉。

但如果你略微了解过他的生平,就应该知道乔布斯在大学期间对宗教、哲学特别痴迷,几乎把那个时代的佛学书籍都读了一遍,如《一个瑜伽行者的自传》《宇宙意识》《突破修行之物质观念》《动中修行》《禅者的初心》等。

这个看似不相关的研究,对乔布斯之后在商业上的决策产生了重要的影响。

再分享一个小故事，在研发 iPod 的时候，当时负责这个项目的团队想要做一个体积更小的播放器，他们希望把屏幕的面积变小。

乔布斯却突然问："我们为什么要这个屏幕呢？为什么不把这个屏幕去掉呢？"

其他人都愣住了，觉得怎么可能不要屏幕呢？iPod 里装了那么多歌，难道不需要屏幕来选择到底听哪一首吗？

乔布斯却说："既然这些歌是你已经从计算机里下载到 iPod 上的，就已经是你喜欢的了，你就随机播放嘛，为什么需要再选一下呢？"

正是因为这个洞悉本质的决策才有了后来的 iPod shuffle，让 iPod 占领了 74% 的市场份额。

乔布斯之所以每次都能直逼事物本质，与禅宗讲究"简单"和"趋于直接"有关。因此，"极简"成了苹果公司设计的核心。

不仅是 iPod shuffle，苹果公司很多产品都能看到极简的影子，譬如 MacBook Air 没有光驱，但这并不影响我使用它，反而觉得它轻薄便于携带。

我们经常讲战略思维和商业洞察，这些看起来玄乎其玄的事物，其实离不开多元思维模型，你掌握的学科知识越多，越有可能从复杂的事物中抽丝剥茧，抵达事物的本质。

贝佐斯也曾利用物理学上的"第一性原理"帮助自己做出正

确的战略决策。

他曾在演讲中说过："人们经常问我：未来 10 年什么会被改变？我觉得这个问题很有意思，也很普通。但从来没有人问我：未来 10 年，什么不会变？在零售业，我们知道客户想要低价，这一点未来 10 年不会变。但他们还想要更快捷的配送，他们还想要更多的选择。"

贝佐斯之所以能反向思考，正是得益于物理学上的"第一性原理"。

什么是第一性原理？简单来说，就是那些最基本的、最硬的、存在度最高的存在，其他东西则是在第一性原理上派生的、更软的、更易变的东西。

世界上很多东西都在变，如果我们一味追逐那些不停变化的东西，反而会丢失方向。而贝佐斯因为运用第一性原理，排除了竞争对手、外界的评论等干扰，找到了战略方向。

乔布斯曾说过："如果一个人只有商业视野，你做出的产品就会特别局限，所以一定要有跨学科视野。"

"术"业有专攻，但"道"却是融会贯通、互为联系的。如果你仅仅学习自己专业领域的知识，那未来某天遭遇降维打击的不是别人，就是你，而最终胜出的，都是那些具备多元思维模型的人。

不懂复盘，再努力也没用

之前看到网上一个段子：在一个公司里，老板最应该开除什么样的员工？

第一种是不聪明不努力的员工，第二种是不聪明但努力的员工，第三种是聪明但不努力的员工，第四种是聪明且努力的员工。

可能很多人的第一反应是：开除不聪明不努力的员工。

但答案其实是第二种，不聪明但努力的员工。

仔细一想就会明白，第一种不聪明不努力的员工顶多是不给企业创造价值，但至少做得少犯错也少。最害怕的就是不聪明但努力的员工，一天到晚瞎忙，关键是不仅不能创造价值，还经常会把事情搞砸。

其实，在工作中也会有不少这样的人：做事不讲方法，拿到手上就着手做，别人半个小时做完的事情，他用半天都没做完；

在同样的坑里跌倒过几次，新的错误不停地出现，旧的错误也没改；除了从新员工熬成了老员工，经验、技能毫无长进……

他们以为工作中努力就可以升职加薪，但结果往往事与愿违。如果你身边也有人表现出以上的特质，那可能不是他不努力，只是他缺少复盘力。

01

什么是复盘？

复盘其实是个围棋术语，在围棋比赛结束后，棋手往往会对之前的对局进行一次复盘，在脑海中或者棋盘上将棋子重新摆放好，思考对方的路数和自己的破法。

一个一年下 2000 次棋的棋手，和一年只下 200 次棋但每次下完后会花更多时间进行复盘的棋手，谁的成长更快？

答案肯定是后者。

前者努力的方式更像是业余棋手，盲目练习，用了很多精力但是没有效果；而后者更像是专业棋手，懂得刻意练习，往往事半功倍。而复盘就是棋手提高自己棋艺水平的刻意练习方法，比起每天只知道和对手下棋的人，懂得复盘的棋手能够更快速的成长。

工作和下棋一样，也需要刻意练习。

柳传志首次将复盘引入了工作中，他有一套自己的复盘方法，叫作 PDF 环。P 代表 Preview，指沙盘推演。在做事之前，把这件事情在脑海中预演一遍。D 代表 Do，指做的过程。因为有了预演，所以能够胸有成竹地做事。F 代表 Fupan，指复盘。把整件事的发展历程再在事后复盘，对比目标和结果，看看是否有更优化的方案。

我在此基础上加以概括，所谓的复盘其实就是事前预估、事中偷懒、事后反馈。

事实上，复盘就是职场人实现进阶的刻意练习，一个懂得复盘的人拥有成长复利，能够在工作、生活中快速迭代。

02

如何复盘？复盘具体怎么用？

工作中，有的人会发现自己大部分时间做的应急式工作，都是紧急而不重要的事情，回邮件、回复后台消息、整理运营数据、给某个同事发资料、完成领导交代的任务……

你要是问他，哪件事情可以延迟做、哪件事情可以舍弃不做、哪些事情可以标准化，他可能从来都没有想过这个问题。

一个任务到来，他的习惯是拿到手上就开始做，中途如果有其他事情插起来，他又会停止手头的事情，去忙新来的任务。

当你问他要结果，对方往往两手一摊，说我很忙啊，好多工作，但是都没做完……所以，他们工作的时候看起来很忙，却不出活。

聪明地做事和埋头做事之间差的就是复盘。

1. 事前预估

在下棋的时候，棋手往往会在脑海中提前预演，如果自己下某步棋，对手可能会做出什么样的反应，甚至能够提前预想到 5 ~ 6 步之后可能出现的局面，从而将棋子落在对自己最有利的地方。

《策略思维》一书中提供了一种行动方法——向前展望，倒后推理。即在你做出行动之前，在脑海中推导自己如果采取某种行动，会导致什么样的后果，再根据想要达成的结果，调整自己将要采取的行动。

在工作中也是如此，懂得复盘的人做事之前总是提前想一步甚至几步。

同样是领导交代的任务，有的人什么都不问就埋头开始做了，而有的人会问清楚，这个东西用来干什么？大概什么时候要？确定老板的期望和想要达成的效果之后，才采取行动。

如果领导交代的任务是让你做一份 PPT，前者因为根本不知道 PPT 是用来做什么的，也没有提前预估做 PPT 可能会用到的时间，做到一半才发现根本完成不了，第二天马马虎虎发给领导，结果领导发现 PPT 根本就不能用。

而后者因为知道这个 PPT 是明天见客户提案用的，那么就可以知道这个任务不仅重要而且紧急，预估自己一个人可能完成不了，就会请上司多派一个人，大家分工合作，当天晚上就交到领导手里，然后再根据上司的建议进行修改完善。

有的时候，无用功和有用功之间差的可能就是几个问题。在做事之前预估可能遇到的问题，确定领导的期望和想要达成的效果可能会让你少做很多无用功。

2. 事中偷懒

日本北海道大学进化生物研究小组对 3 个分别由 30 只蚂蚁组成的黑蚁群的活动进行观察。

结果发现，大部分蚂蚁都很勤快地寻找、搬运食物，而少数蚂蚁却整日无所事事、东张西望。

而有趣的是，当生物学家在这些"懒蚂蚁"身上做上标记，并且断绝蚁群的食物来源时，那些平时工作很勤快的蚂蚁表现得一筹莫展，而"懒蚂蚁"们则"挺身而出"，带领众蚂蚁向它们早已侦察到的新的食物源转移。

为什么带领队伍找到新的食物源的是懒蚂蚁而不是平时勤快的蚂蚁呢？

那是因为，平时勤快的蚂蚁大部分时间往往用于埋头搬运食物上，而很少停下来观察周围的环境。"懒蚂蚁"则相反，它们把大部分时间都花在"侦察"和"研究"上了，因此能观察到组织的薄弱之处，同时保持对新的食物的探索状态，从而保证群体不断得到新的食物来源。

这就是所谓的"懒蚂蚁效应"。

会偷懒的人，就是公司里的"懒蚂蚁"，比起撸起袖子就做的人，他们往往会花更多时间思考如何优化工作流程。

如果你是一个新媒体运营，你会发现，自己需要时时刻刻回复用户的信息。一个很努力的运营，可能从早到晚，甚至连吃饭的时间都忙着帮用户解决问题，但其实仔细观察就会发现，用户的很多问题往往是重复的。

那么偷懒的运营会怎么做呢？

他们在回复了用户的问题之后，会将高频率出现的问题整理出来，并想一个统一的话术。这样，只要遇到相似问题的时候，就可以快速地解决了，不仅可以及时回复用户消息，也可以帮自己节省更多的时间。

所以你会发现，在工作中，天天最晚下班的人，不一定能够给企业创造很高的价值，因为他们用行动上的勤奋掩盖了思考上的懒惰。

而懂得偷懒的人，恰恰是勤于思考的人，也正是这种人，能够为企业创造更大的价值。

3. 事后反馈

假如你在网上买了一个杯子，物流服务中你最看重的是哪个环节？

已经发货，正在转运中，还是签收？

实际上，很少有人在乎是哪家物流公司运送的，也不在乎运送过程中出现什么问题，唯一关心的就是杯子几天能到？到了之后杯子是否完好无损？

这和反馈一样，在领导眼中，如果没有"签收"你的工作成果，那你之前付出的努力没有任何价值。

领导交代下来一个任务，你会默默地去做，做完了就完了，等领导问起来，才想起来需要反馈？

《哈佛学不到的经营策略》的作者马克·麦考梅克曾经说过："谁经常向我汇报工作，谁就在努力工作。相反，谁不经常汇报工作，谁就没有努力工作。"

不要以为领导知道你的进度，如果你不汇报工作完成得怎么样，在他眼中就是没完成。如果遇到问题你没有及时反馈，那么拿不出结果他就会自动视为你能力不够。

　　一个懂得复盘的人，懂得反馈的重要性，这件事情完成得怎么样，效果是否能够量化，过程中是否遇到了什么问题，下次如何才能避免……

　　这不仅是一个职场人应具备的素养，也是提升你在领导心目中靠谱程度的方法。

　　可能你会经常看到唱衰新媒体的文章，说新媒体红利时期早已经过去，现在做自媒体很难再做起来了……但有的人，仅仅半年就把粉丝量做到了六位数，差别在哪里？

　　同样是追热点，为什么你的观点千篇一律，而别人的观点总是意想不到？同样写文章，你一天更一篇，对方一星期才更一篇，阅读量、转载量都比你好，原因在哪里？

　　如果你不懂得复盘，那么你的努力除了感动自己，毫无价值。

听话，是你不懂得捍卫自己的专业性

成为一个"不听话"的员工往往有三个前提：一是敢怼，即有胆量提出和老板不同的看法；二是能怼，即有能力证明自己的观点是对的；三是会怼，即有技巧地让老板同意自己的观点。

工作中，你是一个"听话"的员工吗？

老板说什么就是什么；即便老板的观点过于主观和个人经验主义，也不敢提出质疑；工作的目的不是为了交付更好的结果，而是为了"老板开心就好"……

记得小学有一次数学考试，有个同学在做某道应用题的时候发现题目错了，便举手问老师，结果数学老师斩钉截铁地说没错，于是大家都埋头做题，再也没人敢提出疑问。

当时的我虽然也怀疑题目有可能错了，但还是毫不犹豫按照老师说的去做。结果你猜发生了什么？

那次考试，全班只有一个满分，而得满分的人正是那个举手质疑题目出错的男生。因为他在老师说对的时候，依然坚持自己的看法，并且按照自己的理解修改了条件再做。

那个时候，当我拿到只有90多分的试卷时，除了害怕回家被母亲斥责，更懊悔的是，为什么在老师说试题没问题的时候，我没能坚持自己的判断。

工作中，这样听话的员工并不少见。

明明自己是设计，结果毫无审美能力的客户、领导说改就改，一个堂堂正正的设计活成了没有灵魂的美工；领导想法一天一个样，即便准备了很久的工作要推翻重来也一个劲儿点头说好，内心毫无波澜，觉得"老板开心就好"。

但突然某一天你会发现，乖乖听话也许不再受用，听话不仅不能帮你获得认同，反而可能会降低你在别人心中的地位。

你听话了，客户说你不够专业；你听话了，领导说你没有主见。

为什么听话的人在进入职场后很难获得欢迎？为什么不听话的人反而越来越受到重视？

1. 听话，是一种推责

电影《异类》中曾提到过一个故事：1997年8月6日，一架由汉城（今首尔）飞往关岛的大韩航空801次航班，在降落前坠毁。

大韩航空 801 次航班最后 30 分钟的语音记录还原了坠毁事故发生前的情况：

机长："嗯……真是……太困了。"（含糊不清的语句。）

"当然了。接下来是整个飞行过程最关键的部分。"副机长说，"你有没有觉得雨下得更大了？在这个地方？"其实副机长本意是想提醒机长天气状况非常糟糕，不适合目视降落。

接着，随机工程师说："机长，气象雷达发挥了不小的作用。"

随机工程师跟副机长的本意是一样的：今天晚上并不适合目视降落。

当时外边正下着倾盆大雨，漆黑一片，下滑角指示灯还有故障，但是机长还是决定目视降落。

从专业角度来看机长的操作并不符合规定，然而，不管是副机长还是随机工程师都不敢明确地指出机长的错误，最终酿成了大祸。

这种情况并不是个例，在佛罗里达坠机事故中，副机长从未用过除"暗示"以外的方式提醒机长结冰危险。

他甚至先后通过不同的表达方式暗示了 4 次，但因为他和机长之间的权力距离，所以一直采取隐晦的方式向机长表达自己的意见。

马尔科姆指出：发生这些事故的根本原因就在于语境文化。

高低语境文化是由美国人类学家爱德华·T. 霍尔（Edward·

不讨好。

有人会说，我老板不是那种会听你的建议的人，但你会发现，如果你想说服老板，不一定要表现得非常强硬，也可以用一些巧妙的方式。

我有个朋友，在做方案的时候会遇到这种情况，自己花了几个通宵做的方案却被领导轻而易举地推翻，理由可能仅仅是不重要的细枝末节。他发现，不管他多么认真地准备，领导总是习惯性地否定他的第一版方案。

如果他是听话的员工，就会老老实实按照领导的想法和建议修改，反正领导觉得好就好，但他并没有这么做。

他想了个办法，每次在做运营方案的时候做两份，一份不太好的，一份自己用心准备的。在提交方案的时候，他会先把不太好的一份方案给领导看，被领导否定之后，他会等一天，再把第二份自己真正用心做的方案提交上去。

用这种方法，90% 的情况都会通过。

做两份方案不麻烦？当然麻烦，但是听话的员工往往止步于麻烦，而不听话的员工往往会越过麻烦。

3. 听话，是一种无能

我认识一个做设计的朋友，在公司的时候总表现得很"听话"，不管是谁，都可以对她的设计指手划脚。一会儿这个人让她换个底色，一会儿那个人觉得字体太丑，反反复复修改了好几版之后，领导又过来说，还是原来的颜色更好看。

明明是个设计却活成了美工。本以为天天加班熬夜改设计，没有功劳也有苦劳，没想到反而被领导认为"没有自己的想法"。她觉得自己特别委屈。

其实，在这件事情上她何尝没有责任。当同事提了一个不靠谱的建议，或者完全违背设计理念的意见时，她的第一反应不是用自己的专业性反驳对方，而是点点头，说了一句"好的"；当领导过来认为应该模仿别家的海报时，她没有用自己的专业性去解释为什么选择现在的版式和元素，而是点点头说"好"。她以为听话是一种敬业，但实际上，听话恰恰是一种不专业。

每一次"好的"其实都是自己在专业性上的妥协和让步。而每一次的妥协和让步又在不断降低自己在专业性上的权威。

记得之前看过一本书，里面提到，在日本，作为家庭主妇的妻子其实很排斥丈夫进入厨房，因为她们认为丈夫一旦进入厨房，就是一种对自己地盘的侵犯，只有一个无能的妻子才会让丈夫随便进出厨房，对她们做的家务指手划脚。

在工作中其实也是如此，每个人都需要有一种"领地"意识，在自己的领地里做到最专业、最权威，不容别人侵犯。

如果把工作比作一门手艺，我们要做的，就是把自己的手艺练好。一个拥有专业性的职场人，在自己的工作领地中，需要坚决捍卫自己的立场和专业性。一个资深的新媒体编辑，应该对一个糟糕的标题深恶痛绝，即便这个标题是老板提出来的；一个专业的设计，在审美上应该有一种偏执，即便客户指手画划也依然坚守美的原则。

《史蒂夫·乔布斯传》中讲了这样一个故事：Mac 团队从1981 年开始，每年会颁发一个奖项给最能勇敢面对乔布斯的人。有一天，乔布斯冲进了阿特金森手下一名小工程师的小隔间，说出了自己常说的那句话："这是狗屎。"

普通人这个时候可能很难直面乔布斯的强大气场，没想到那个小工程师却回答："不，这其实是最好的方法。"然后他向乔布斯解释了自己在工程上做出的权衡，结果乔布斯败下阵来。

还有一次，乔安娜·霍夫曼发现乔布斯在未经她同意，"以完全扭曲事实"的方式更改了她的市场规划。于是她怒气冲冲地冲向乔布斯的办公室，并告诉他的助理："我要拿把刀插进他的心脏"。奇怪的是，乔布斯没有发飙，反而在听到她说的话之后做出了让步。

这些人反抗了权威，坚守住了自己的领地，结果不是被炒鱿鱼，而是获得了尊重。

《重新定义公司》一书里曾提到谷歌公司有一个企业文化，就是别听"河马"的话。所谓河马，指的是一个公司在做决策时，大家常常会习惯听从于 highest paid person's opinion（高薪人士的意见），这只"河马"或许是你的直属上司或老板，他们是权威的象征，很少有人敢反驳他们的意见。

但作者指出：只有创意精英才敢冒着被河马踩死的风险捍卫质量和业绩。

所谓的创意精英，就是不肯在自己的专业性上做一点让步和妥协的"死脑筋"，宁愿得罪人也要捍卫自己的专业，他们把自己所做的工作和产品当作个人品牌的延伸，因此他们无法忍受降低他们专业水准的事情出现。

张小龙曾在腾讯内部做过一个长达 8 小时的演讲，演讲的内容是关于"微信背后的产品观"，他认为一个出色的产品经理应该具备的素养之一就是负责的态度。

简单来说，所谓负责，就是对自己的专业性有所坚守。唯有如此，才能"抵挡住来自上级的压力和绩效考核的压力，按照自己的意志不变形、不妥协地执行产品策划"。

希望你能成为一个被老板需要的员工，而不是只会听话的员工。

对于工作，"90后"们到底是怎么想的

领英 App 上发布的"第一份工作趋势洞察"中显示："70后"的第一份工作平均超过 4 年才换；"80后"则是 3 年半；"90后"骤减为 19 个月；"95后"平均 7 个月就会离职……

对有个性、自我意识强的"90后"，管理者们突然没辙了，不知道该怎么对待"90后"员工。

"你说现在的孩子怎么那么着急呢？"

"现在的'90后'一句批评都说不得？"

"才工作几个月就要辞职？"

"现在的年轻人太不靠谱了。"

……

"90后"到底在想什么？为什么身边越来越多的"90后"频繁离职？

我采访了很多"90后"，他们将告诉你"90后"到底在想什么。

1. "把加班当作理所当然，不走等着猝死？"

吴晓波曾说自己公司里有一个"90后"，有一天突然向他提出辞职。吴晓波就问他："你为什么要离职？"没想到那个"90后"很生气地说："领导每天下班都要请大家喝啤酒、吃小龙虾，上班陪着他，下班还得陪着他，我受不了了，所以要走！"

很不正常吗？

对于"90后"来说太正常了！

"90后"是边界感特别强的一代，我们希望8小时内认真工作，8小时外也能不被打扰地休息。"90后"不喜欢占用私人时间的团建，也不喜欢24小时 Standby 的敬业精神。工作只是"90后"生活的一部分，工作之外，还有其他兴趣爱好忙着充实，一大堆兼职要做。

可能坐在电脑前打字的文案员，周末就会穿上 Cosplay 的套装参加会展；在公司里默默无闻的设计员，假期就忙着接单给客人拍照……

"90后"不是不热爱工作，只是希望工作的同时，也有享受生活的自由。

2. "领导画的饼太大，我吃不下"

"90后"是危机感和焦虑感特别强烈的一代。

作为互联网的原住民，"90后"见过最好的生活是什么样，所以不安于现状，想要变得更好，过上更精彩的人生。

每隔一段时间，朋友圈就会被《摩拜创始人套现15亿，你的同龄人正在抛弃你》《那些不过30岁，就登上福布斯的新媒体人》刷屏，这些鼓吹年轻人成功事迹的文章在"90后"的心中喧嚣，拔高了"90后"对生活、工作、成功的期望。

这种想要出人头地的愿望和怕被同龄人比下去的焦虑，可能比其他年代的人来得更强烈。

二十世纪八九十年代的年轻人，毕业就包分配工作，根本不存在什么"毕业即失业"的危机，那个时候，即便想要失业也很难。

那个年代，刚刚毕业的大学生住在几平方米的单身宿舍，吃着馒头榨菜，口袋里没几个钱，心里却一点儿也不慌张。因为他们知道，身边的同龄人都是这么过来的，未来是一条看得见的跑道，每个人都在各自的跑道上按部就班地前进，知道过几年，就可以升到什么职位，再过几年就可以住进更大的房子……

但"90后"不是这样的，他们看到过更好的生活，知道同龄人的精彩人生和成功事迹。这种理想与现实之间的巨大落差加深了内心的焦虑和不平衡。他们等不及慢慢成长，渴望快速飞跃。

从这一点来看，其实"90后"更"功利"，要么你给足够的钱，要么你赋予挣钱的能力和发展空间，才能让"90后"心甘情愿地投入工作。

如果真的说"90后"没有前辈们那么肯吃苦，那可能仅仅是因为他们考虑的更多了。

3. "没房没车没贷款，'90后'身轻如燕"

窦文涛曾在节目中提到一个趣事。在他们那个年代，有个人想要辞职做生意，就翻看员工手册，看到员工手册上写着15天缺勤就会被辞退的规定，于是他连续20天没去上班，结果还没被辞退……

当年，年轻人是想跳槽而不得；现在，则是想稳定也不行。

中国的互联网企业平均寿命为3～5年，中国互联网企业每年死亡率达20%～30%。

一辈子从事一份工作的时代已经过去了。"90后"没有那么多枷锁，但同时也意味着，没有了羁绊。

如今，一线城市大部分公司不负责员工落户的事情，年轻人买不起房，买不起车，尚未成家立业，不必背负贷款。所以对于年轻人来说，在哪儿工作似乎无所谓。不过是从一个地方挪到了另一个地方。

人们在决定是否去做一件事情的时候，不仅是看这件事对自己有没有好处，而且也看过去是不是已经在这件事情上有过投入。也就是说你投入得越多，放弃就越困难。

但对于刚毕业不久的"90后"来说，通常都是从事比较基础的岗位，所以沉没成本很低。相比之下，"90后"受买房、买车、还贷款的限制较小，没有枷锁，所以身轻如燕。

4. "不知道自己想做什么，但知道自己不想做什么"

《圆桌派》中六爷讲过自己曾面试过一些跳槽频繁的年轻人，他往往会问对方："你先别考虑能不能应聘上，我们先聊聊天。如果抛开现实的一切可能性，让你自由选择，哪怕是做乔布斯都可以，你想干什么？"

其中，一半的人都很茫然，不知道自己想干什么。

所以他们只能先解决眼前的问题，解决自己的房租和温饱。

频繁跳槽的背后，其实是对职业的迷茫。

不管是刚刚毕业的人，还是工作 2～3 年的人，大多数都不知道自己喜欢什么、适合什么。

岳云鹏曾发过一个微博，那时候的他青涩懵懂，"那会儿只有梦想，那会儿不懂什么是相声，不懂什么是爱情，那会儿以为自己会打一辈子光棍"。

可见，每个时代的年轻人，不管是"70后"、"80后"还是"90后"，都有过迷茫的时刻，站在人生的十字路口，徘徊迷茫不知所措。

青春可不就是这样吗，等"90后"成为中年人时，又会开始抱怨搞不懂现在的"00后"、"10后"脑袋瓜里到底在想什么。

不变的是不被理解的两代人依然无法互相理解，不同的是，你从一个骂领导傻的人变成了被员工骂傻的领导。

所以，当你在抱怨"90后"不靠谱的时候，请好好反省自己的管理方式是不是太过时了。

"聪明人"总想走捷径，
而"笨人"则肯下笨功夫

大二的时候，因为无聊，我找了个老师"一对一"学吉他。因为有钢琴的基础，所以很多乐理知识老师不用再从头给我讲解，看吉他谱也很快能反应过来对应的和弦，别人花四周学的课，我可能一节课就过完了。就连吉他老师也觉得我比他教的其他学生学得都要快。每次上完课之后，老师都会交代，每天要先练习半个小时的爬格子，把基础打好。

学吉他是一个痛苦的过程，这个过程不是心理的，而是生理的。

为什么这么说呢？

为了让吉他发出清亮无杂质的声音，需要用左指腹稳稳摁住指定的弦，通常这个过程会持续 2 ~ 3 个月，你需要每天不停地练习基本功——"爬格子"。直到三个月后，你的指腹长满了厚厚的茧，才算是入门了。

我仗着自己比其他人领悟得快，便从网上下载了几首简单的吉他谱，每次练吉他，就略过爬格子的步骤，觉得这个步骤枯燥无趣又痛苦，直接开始弹奏我喜欢的歌曲。两周后，我便学会了第一首弹唱的歌曲——陈绮贞的《旅行的意义》。

上了不到四节课，我就觉得没什么可以学的了，自以为掌握了吉他精髓，自己在寝室练就好，没必要去老师那里学习了。

后来你猜怎么着？

我翻来覆去就只会弹唱那么两三首简单的歌曲，而且不管我多么用心弹，换弦的时候总会卡顿，出来的音调就像唱歌时不幸破了音。更让我气馁的是，每次弹完一首歌，手指就酸痛异常。很快，我便把吉他丢在一旁不再触碰。

直到后来陪朋友去买吉他，我在店员面前试弹的时候，店员好意提醒我，我握琴的手法有问题。那一刻我才恍然大悟，终于找到了音飘、手指酸痛的原因。

我自以为掌握了吉他精髓，不愿意再跟着老师学习，所以导致手法出现问题而不自知；嫌练"爬格子"枯燥又辛苦，直接就开始弹唱，所以基本功也没打好。

记得在前公司工作的时候，老板在年会上说了一句话："在招人的时候，我不太喜欢聪明人，相反，我喜欢招'笨'人。"

为什么呢？

"因为笨人更喜欢下功夫。"

那时候我便开始思考，为什么我学不好吉他。"聪明人"和"笨人"的区别在哪里？为什么现在的公司越来越不喜欢招"聪明人"了？

1.聪明人看脸色，笨人埋头做事

之前追电视剧《大江大河》，觉得里面的主人公宋运辉就是一个典型的笨人。

大学毕业后，宋运辉进入一家国企，在这个国企里面，存在两个派别，一个是以水书记为代表的"革新派"，另一个是以厂长和技术骨干刘总工为代表的"守旧派"。本来厂里一直以水书记的意见为"圣旨"，但因为后来国家推行"厂长责任制"，水书记的权力被削弱了。

厂长和刘总工筹备多年，花了大量时间和精力准备引进国外昂贵的先进设备，没想到宋运辉在翻遍了国内外先进的资料后发现，这批设备早已被很多先进国家淘汰。

如果你发现设备有问题，要不要提出来呢？这其实就跟现在发现老板的想法是错误的，是埋头执行还是提出质疑一样。相信大多数人都会选择沉默，即便坚信设备有问题，也没有勇气指出来。

如果指出设备的问题，相当于在众人面前打厂长脸，而且当时正值权力替换之时，厂长必定会维护自己的威严而想方设法给你穿小鞋。

其次，如果你说设备真的有问题，那么有没有解决方案呢？ 没有解决方案的反对没有任何成效，最终还是给自己招麻烦，把那么一大摊子事情扛在身上。

但宋运辉这个"呆子"，一点儿都不考虑派系斗争，只是想方设法找出一个最好的解决方法。

他做一件事，不考虑这件事会涉及谁的利益，考虑的只是这件事对不对。 也正因如此，厂里才少走了很多弯路。

与宋运辉相反的是他的大学室友"三叔"，"三叔"是一个喜欢走捷径的人，他在单位中，成天寻思的不是应该怎么做好工作，而是在领导面前卖乖，追求得势的刘总工的女儿，以为这样就可以少奋斗十年，没想到刘总工一失势，他就露出了真面目，对刘总工的女儿爱搭不理。

聪明人想方设法走捷径，只有笨人才把心思放在做事上。 一个公司能不能发展，靠的不是那些耍小聪明的员工，而是埋头做事的"笨人"。

2.聪明人重利，笨人重义

不知道你们有没有发现，现在的公司是越来越"吝啬"在员工身上下血本培训了。

没办法，员工的离职率太高，可能花了大量时间和精力去培养的人，挥一挥衣袖，便跳到愿意付出更高薪水的平台了。

公司和员工的关系越来越随性，为他人做嫁衣的事情自然谁都不愿意。

据美国劳工部统计，替换一名普通跳槽员工的成本约占员工全年工资收入的三分之一。如何留住有能力的员工成为让企业头疼的难题。很多聪明的员工，有一定的能力，但忠诚度可能会相对低一些，谁出的薪资更高，就愿意为谁打工。

2018 年海底捞上市，创始人张勇夫妇一跃成为中国前 50 名的富豪。

海底捞的成功，离不开的还有一个人，那便是从 17 岁就跟着张勇的服务员杨丽娟。

杨丽娟不是个聪明人，在海底捞之前的一家餐馆打工的时候，一个月只能赚 120 元，有个人提出给她 160 元去他那里干，160 元不是小数目，比当时杨丽娟的工资多了三分之一。杨丽娟想都没想，笑着婉拒了。

而那个被她拒绝过的人，就是如今身价超过 600 亿的张勇。

后来由于餐馆老板要离开简阳，换个地方开店，杨丽娟才进入海底捞工作。再后来杨丽娟成为海底捞的副总经理，管理着上万名员工。

猎头纷纷打来电话想要挖走她，开出的年薪都是百万还带股份。但她一个个都拒绝了，还劝他们别再打电话了。

聪明的员工重利，愿意与公司同甘；而笨人重义，愿意与公司共苦。

3. 聪明人求快，笨人下笨功夫

在《射雕英雄传》中，郭靖初期其实真的可以用"鲁钝"来形容，没有一点就透的资质，但好在他愿意一招一式下笨功夫地学，一天学不会就一个月，一个月学不会就一年。

譬如号称天下第一的"降龙十八掌"，聪明的耶律齐都无法学全，为何偏偏郭靖就能学会呢？

正因为他资质鲁钝，所以更能踏踏实实地练好一招一式，虽然进步缓慢，但很稳。特别是对于很多武功而言，参透是一回事，内功匹不匹配得上又是一回事。

用洪七公的话来说，郭靖资质鲁钝，内功却早有根底。所以学这种招式简明而内力强大的武功再适合不过。

不管是降龙十八掌、七十二路空明拳、左右互搏，还是九阴真经，别人练一遍就会的，郭靖就练十遍，加上郭靖心性单纯反而容易专注，久而久之，武功自然而然就高了。

金庸曾经明言，郭靖不聪明但是有智慧，而比起聪明，他更希望自己有智慧。

工作也是一个不断修炼内功、参透武林绝学的过程。聪明人求快，往往容易走火入魔，而笨人总是下笨功夫，一步步修炼内功，打好基础。

现代社会，聪明人不稀罕，稀罕的是笨人。在大多数人都想走捷径的时候，我们反而要懂得下一点笨功夫。

专注自己热爱的领域，
才是生命的意义所在

前段时间，许久不见的朋友在微信上问我：最近怎么样？有找工作的打算吗？

我回复了一句：没有找工作的打算，我觉得自己再也回不去那种朝九晚六的生活了。因为，做自由职业者的生活，真的是太爽了！

上班的时候，每到周日，情绪就会开始低落，因为第二天就要上班了。早上闹钟响了无数次，才心不甘情不愿地起床。有的时候，在地铁上望着窗外的倒影，会想象着世界上会不会有另外一个自己在精彩地活着？

每天走在同一条路上，在电梯里按下同一个楼层的数字，到达同一个地点，人生就像被上了发条，或者是被设定了某种程序，只是机械地重复运动，并不是活着。下班回到家，瘫倒在床上，动也不想动，仿佛耗光了最后 1% 的电量。

所以，每次看到那种在职场中像打了鸡血的人，做事永远充满着干劲，无怨无悔地加班，把生活献给工作，我都像一个无动于衷的旁观者，既无法代入其中，也无法找到共鸣。

有的时候也怀疑自己，是不是太没有进取心了。

01

以前有个特别优秀、工作特别用心的同事，略带鄙夷地跟我说过，公司里有不少岁月静好的人，一到六点拎包就走，桌前永远摆着鲜花，每天把自己打扮得漂漂亮亮的。他呢，后来取得了很好的成就，收入也比同龄人高好几倍。

我呢，后来成为他口中那个到了下班时间拎包就走的人。所有人都还在工位上，没打算挪屁股的时候，我合上电脑，整理好桌面，拎包就走。公司周末举办活动，需要各部门的支援，能不参加的我尽量不参加。休息时间，工作群一个红色的"@"就能让我神经紧绷，心情瞬间跌落到谷底。我像一只鸵鸟，把手机扔一边儿，仿佛不看手机就不会被工作的事情困扰。

我承认，我不是职场上的模范生，没有突出的履历和厉害的任职经历。大多数时候，我只是个成绩不至于挂科，但也谈不上多难能可贵的人才，只是安安分分地做着分内的工作。每写一篇软文，都让我觉得被榨干一分，像一口干涸的枯井，干瘪瘪的文字没有一丝灵魂。

02

我毕业 4 年，换了 5 份工作，做得最久的一份工作，也就一年而已。上班让我不快乐。

起初，我以为换了工作就会好，但后来我才发现，不过是从一口枯井，到了另一口枯井。不管做什么，工作了几个月之后，疲惫感和厌倦感就会抑制不住地涌上来。

为什么我对工作没有热爱和激情？为什么我没办法从工作中收获快乐和成就感？为什么我没办法不计代价地投入任何一份工作？

这些问题，在每一个等待红绿灯的路口，我问过自己无数次。我常常在下班的路上打电话给我的妈妈、朋友，倾诉自己的苦恼。妈妈跟我说："工作就是这样，不可能十全十美，你要学会忍耐。"朋友跟我说："你又要辞职？好羡慕你的任性和随心所欲啊。"

我知道，我这种条件，也许比别人在起跑线上领先几步，但我不够拼命，也不够有毅力，这种优势没办法让我撑到长跑比赛的终点线。更何况，那个终点线，光是想象着就已经让我筋疲力尽了。

我有个朋友，几年前跟我打电话，她说：刚毕业的时候，我以为现在努力点儿、辛苦点儿没关系，未来一切就会变好。可是几年后我发现，未来并没有变好，而我的生活也被搞得乱七八糟。

我也害怕，当我好不容易撸起袖子，大汗淋漓地爬到半山峰，结果发现，其实自己一直向往的却是山脚处村庄的袅袅烟火。

是的，我不快乐，这种心情在告诉我，这不是我想要的生活。

03

随着存款越来越多，我有了做自由职业者的想法。

我不知道自己能不能做好，也不知道做公众号能否为我带来足够多的收入，更不知道需要坚持多久才能取得一定的成果。

那个时候，我觉得如果不去试试，我会后悔的，因为到了30岁，我可能连尝试的勇气都没有了。

所以，在去年9月份的时候，我辞职了。

当然，做自由职业者也不是一帆风顺的。在辞职了一两个月后，我陷入了焦虑。

以前上班的时候，每到月底，就有工资自动打到银行卡里。现在，没有人会再付我薪水，而我的存款也在变少。

上班的时候，为了不迟到，所以再不愿起床也得起来，做自由职业者之后，全靠自律，如果哪一天起不来，想赖床，只需要关掉闹钟，翻个身继续睡去就可以。而我，又是个善于放纵自己的人。

我像个逃兵，还没上战场就四处张望，给自己寻找后路。

工作的时候，和外界的接口处于连接状态，接受着外部的指令，然后运行再反馈，如此循环往复。辞职以后，大部分时间都待在家里，就像不小心掉线了一样，和外界失去了联系。而这种联系，一方面会剥夺自由；另一方面，又像个巨大的子宫，给予身处之内而不需要思考的人以安全感。

有的时候，我甚至会有种错觉，感觉我们都是《楚门的世界》中的"楚门"，又像是《海上钢琴师》里的"1900"。待在熟悉的世界里很安全，和大多数人保持同一个频道也让人感到安全。所以离线的人会感觉自己被边缘化，当自由扑面而来的一瞬间，像被迎面猛击一拳一般，有种窒息的陌生感和无所适从感。特别是当你和所有人步调不一致的时候，你会开始怀疑，自己的选择是不是对的。

所以有一段时间，我是在这种焦虑中，以匍匐着随时打算撤退的姿态前行的。

04

有一天，朋友跟我说："你现在的问题，不是花时间去纠结这条路选择的对不对，而是先行动起来，快速试错。"

开始调整自己的节奏后，我发现事情有了改变。焦虑的症状在消退，取而代之的是内心的充盈和愉悦。

工作的时间，其实不比上班的时间短，为了追一个热点，熬夜写到凌晨一两点也是有的。但因为每天做着自己喜欢的事情，所以不觉得辛苦，有的时候甚至觉得很兴奋。就连朋友都跟我说，感觉我比上班的时候勤奋多了。时间安排也会更灵活，既是自己的老板，也是自己的员工，只要完成了当天的计划和任务，就可以提前"下班"。

工作对我的意义发生了变化，不再是一种等价交换，而是实现自我价值的途径。

朋友跟我说："我喜欢你现在的文字。"

好巧，我也是。

我知道那口枯井正在往外冒出甘甜的井水。灵感、创意、表达欲，它们在我发呆的间隙，从书上 25 页第 3 个逗号中，破土而出。那一刻，我才明白《圆桌派》中陈丹青说的那句话：现在的年轻人不是不喜欢工作，而是不喜欢上班。

这就是为什么我再也回不到过去的原因。

在无边无际的天空中飞翔过的鸟儿，很难再回到笼子里，因为它们尝到了自由的快乐。那些告诉你外面的世界很危险的人，也许一辈子也没到过笼子以外的地方。

有的时候会觉得自己很幸运，在20多岁的时候就找到了自己热爱的事业。也许某一天公众号会落幕，也许30岁以后我会开始写小说。不过，我从不担心未来，过好当下的每一天，对于我来说，就是生活的全部意义。

Chapter TWO

第二章

掌握成长的要领，
最大限度把握自己的命运

把握生命中的重要他人有多重要？

01

什么是重要他人？

重要他人是指一个人在心理人格形成以及融入社会的过程中，对自己具有重要影响的人。一般来说，人的一生会受四个重要他人的影响，他们分别是幼年时期的父母、童年时期的老师、少年时期的同伴以及成年时期的恋人。

每个人的生命中一定会遇到几个重要他人，人生中每一个关键的转角，都少不了重要他人的存在。他们在你的成长过程中，或许扮演着导师的角色，也或许是一个领路人。总而言之，他们对你的人生产生了深远的影响。

这种影响可能是积极的也可能是消极的，重要他人之所以会对你的人生产生影响，一方面是因为你在乎重要他人的评价；另一方面，他们的言行可能会改变你的想法和行为。

毕淑敏在《谁是你的重要他人》中说起了小时候的音乐老师。在学校组织的"红五月"歌咏比赛中，音乐老师负责指挥，因为老师站在旁边，所以毕淑敏铆足了劲儿歌唱，想要得到老师的认可，没想到老师中断了大家，众目睽睽之下指着毕淑敏说："毕淑敏，我在指挥台上总听到一个人跑调儿，不知是谁。现在总算找出来了，原来就是你！现在，我把你除名了！"

后来毕淑敏再也不敢开口唱歌，考北京外国语学院附中的时候，到了口试部分，有一条要考唱歌，毕淑敏依然非常坚决地对主考官说自己不会唱歌。

因为对于小时候的毕淑敏来说，老师是自己的重要他人，而老师的评价对于一个孩子来说意味着绝对的权威，老师漫不经心的一句批评给孩子带来的影响不亚于一次海啸带来的创伤。

当很多人在谈原生家庭的时候，其实质也是父母作为重要他人对自己的人生带来的深远影响，到底是深受其害还是涅槃重生，取决于你是否识别了重要他人，以及能否将他们对你的影响转变为成长的动力。

02

为什么重要他人那么重要？

1. 重要他人可能是你职场中的贵人

每一个初入职场的小白，都有机会遇到点醒、提拔自己的贵人，他可能是对你严格要求的上司，或者是身旁对工作充满热情的同事，又或者是拥有丰富经验和阅历的前辈，如果你没有意识到重要他人的存在，那么你就会错过他们，也许也会失去让自己成为更好的人的机会。

前段时间看到微博上一个人说自己因为工作的关系，带过几个职场小白，其中有一个小伙子家是农村的，在当地的大学毕业后来到北京做 IT 方面的工作，小伙子很努力，这点儿值得表扬，由于他经常会搭自己的顺风车，所以一来二去小伙子也会经常说一说心里话。

作为一个职场前辈，不管是工作上还是生活中，无疑拥有更多的见识和阅历。在谈话过程中，他发现小伙子有一种单线条的固执思维，也有想要"点拨"一下的想法。譬如小伙子虽然想去影院看电影，但是认为只有和自己的女朋友一起，才能去影院，他也开导小伙子，自己一个人其实也可以去影院体验，结果小伙子不置可否，话题也没有再进行下去了。

谈到人脉的时候，小伙子说经常会和以前的同学或老乡出去聚会，并且觉得这样的生活才丰富，而他觉得有质量的社交并不是你有多少朋友，或者聚会频率有多高，而是自己有价值，这样才能和对方资源置换。小伙子认为人脉特别重要，和朋友出去吃饭喝酒能够让自己找到自信。

当然，每个人都有保留自己观点和立场的权利，但当职场中的重要他人出现时，一味地固执己见，其实会让身边的贵人溜走，而自己也失去了从更优秀的人身上学习的机会。聪明的人懂得把握住职场中的重要他人，善于从对方身上汲取经验和力量，变成自己的营养。

李筱懿在《时光中盛开的女子》中提到过自己大学毕业后有两份工作摆在面前：一份是 boss 的助理，一份是助理培训师，李筱懿选择了前者。因为 boss 曾是 500 强的高管，在职场是"权力先生"，更是业内高手。

boss 要求很高，譬如要求会议记录必须在开完会的 30 分钟内给自己；要求李筱懿能够随口答出资料里的数据；对成本控制严格；所有工作必须当天完成……

但也正因为 boss 的严格要求，刚从大学毕业的李筱懿迅速养成了工作流程化、今日事今日毕的工作习惯，也提高了她速读和记忆的能力。

如果你不会识别"潜在的"重要他人，那么即便你在"武林高手"身边，也会因为认不出来而错过获得其亲身传授的绝佳机会。

2. 重要他人是你成长的助推器

《那不勒斯四部曲》中讲述了两个好朋友从童年时期到老年

时期的友谊故事。埃莱娜和莉拉两个人从小玩到大，在学习上，埃莱娜一直是班里的前几名，深得老师喜爱，而莉拉却是真正的"天才"，不管多么难的东西，只要她感兴趣，就一定会把它弄懂。埃莱娜跟随莉拉的足迹，铆足了劲儿想要跟上她，当莉拉去图书馆借书，埃莱娜也去图书馆借书回家看，莉拉喜欢阅读《小妇人》，于是埃莱娜也陪着她一起读……

埃莱娜发现，因为莉拉的出现，她对学习充满了兴趣，想要跟上对方甚至超越对方的想法让她在学业上前所未有地认真。

在成长过程中，你也应该有个一直较着劲儿的朋友，在学习上你们是竞争对手，在生活中你们又是无话不说的好友。

挪威人喜欢吃沙丁鱼，但是沙丁鱼存活率很低，渔民想尽办法，沙丁鱼依然会在运输途中因窒息死亡。后来有人发现，如果在装满沙丁鱼的鱼槽里放进一条以鱼为食的鲶鱼，这些沙丁鱼就开启了求生本能，四处躲避，加速游动，存活率也大大提高了。这就是"鲶鱼效应"。

这个朋友就应该是你生命中的"鲶鱼"，点燃你对学习、工作的热情，成为你成长的助推器。

3. 重要他人是你生命中的参照物

原生家庭是一个人人生的起点，也是长大后不可替代的归途。然而，世上没有完美的原生家庭，每个人都或多或少会从自己身上看到父亲、母亲的影子。

周冲在《人间味》里回忆自己的小时候，是在父母摔摔打打和一地狼藉的窘迫中度过的。她看着母亲从一个长发结辫、脸庞温润如玉的少女变成被贫穷、劳苦腌晒的充满戾气的女人，她发誓自己绝对不要变成母亲的样子。

然而周冲在结婚以后，原生家庭的阴影像病毒一样迅速扩散：暴戾、贪欲、多疑、克人克己，最终导致第一段婚姻以失败告终。直到后来，她才开始理解母亲，也放下原生家庭的负担，重新上路。

父母无疑是子女成长过程中的重要他人。有的人会从父母失败的婚姻中吸取教训，即便他们无法为自己提供幸福家庭的相处模式，但也能知道失败的婚姻需要避免什么。原生家庭犹如一面镜子，父母是你人生的参照物，是从中获取力量，还是自怨自艾？取决于自己。

识别你生命中的重要他人，尤其是他们对你产生的负面影响，可以让你下意识地摆脱这些阴影，重新开启自己的人生。

03

如何才能识别重要他人？

1. 发现每个人的闪光点

我在大学时有一个很要好的朋友，我发现她有一种吸引优秀的人的特质，就是不管学霸还是才子，她都能和对方相谈甚欢，成为交情很好的朋友。

后来我才发现，不是她拥有吸引优秀的人的特质，而是她善于捕捉每一个人的闪光点。一个走在街上的普通人，在与之交谈片刻后，她便能从中发现对方的优点——说话温柔、有想法、勇敢、诚恳……

即便和对方的观点不一样，她也不会急于辩驳，如果对方的确更有说服力，她也愿意接受对方的想法。因此，不管和谁聊天，她都能看到对方优秀的地方，并通过完善自己的方式把它作为自己的营养。

保持开放的心态，随时准备推翻自己固有的观点，接受更有说服力的想法，才是让身边重要他人现身的方法。

2. 成为值得结交的人

凤凰新闻主笔王路谈到自己和猫叔相识的经过，起因是一个客户跟王路说他的声音和猫叔太像了，猫叔也做公众号，并且粉丝数量比他多得多，从零到现在，只花了 8 个月的时间，没想到猫叔通过微信加了他好友。几天后，有个人通过网上付费平台约他，想要咨询写作，没想到这人就是猫叔。虽然平时也有人约王路出去见面，但他一般都推辞掉，从没有见过像猫叔这样的，付费约见面。

见面之后，两人也没聊什么写作，猫叔竟然主动介绍了一个广告给王路。

王路后来在《得允许别人发点财》中评价猫叔：这种人发财，太有道理了。

低层次的社交，是从别人身上得到什么，而单方面索取的关系往往很难维持；高层次的社交，是互相给予，成为彼此的重要他人。

要记住，生命中每个人的出现不是没有理由的，能否把握住重要他人，取决于你自己。

突破职业瓶颈的最优策略，
是学会做分外事

记得刚毕业一年的时候，我的工作状态往往是这样的：同事负责一本新书的营销，在群里号召感兴趣的同事一起出谋划策，其他同事纷纷放下手里的工作去了会议室，只有我一个人待在座位上，专心致志地打字写稿。

在我看来，完成自己的本职工作才是首要大事，哪有工夫瞎琢磨其他人的工作。毕竟做了分外事不见得能多领工资，但是分内事少做一丁点儿都会影响工资。

我把自己的工作范围界定得格外清楚，该我做的我绝不推脱给别人，但不该我做的，我也不会"越界"一毫米。

但与我截然相反的是一个特别爱"多管闲事"的同事，他天天参加不同部门、同事组织的会议，手甚至长得伸到了分公司，明明是一个新媒体运营，却每天都忙到很晚才下班，连老板开年会要讲的 PPT 也指名让他来做……

那个时候，我常常不能理解他"自找麻烦"的行为，觉得何必呢？领着几千块钱的薪水，却操着管理市值几十亿公司的心。

直到后来我才发现，每天只专注于自己的工作，只会让自己活得越来越孤立……

有一次，需要其他部门同事配合的时候才发觉，我连谁负责哪方面的工作都不知道，而且因为之前很少接触，所以拜托事情的时候也显得举步维艰。

更让人沮丧的是，工作没多久，我就开始感到焦虑。因为每天都在做重复的工作，觉得自己仿佛在一个地方卡住了，能力和工资一样，丝毫没有提高。

而那个"爱管闲事"的同事呢？在将近 200 人的公司里几乎无人不知、无人不晓，即便是北京分公司从来没有见过他的同事，也会在年会上找到他说："久仰大名。"

除此以外，因为经常"插手"别人的工作，他非常清楚每个人的性格特点、优势、劣势和工作范围，所以遇到问题时他能够很快地整合资源，而需要配合的同事也很愿意响应帮助。

记得有一次和他一起下班，他告诉了我很多"八卦"，比如老板喜欢看什么公众号；领导真的每天都会查看每个人的工作日志；某个同事有很强大的影视资源，有需要的话可以请他帮助。

那个时候我对他有很多不能理解的地方：为什么他能在短短

一年不到的时间里，从月薪六千涨到两万多？为什么公司里那么多人，但几乎没有人不认识他？为什么他知道那么多关于领导、同事的"内幕消息"，但我却不知道？

如今我才想明白，造成我和他之间的差距的，恰恰是那些我当初认为自己不该管的"分外事"。

01

在武侠世界里，主人公通常是一个没有背景、不懂武功的小人物，机缘巧合之下，遇到传说中的江湖大佬指点迷津，或是得到一本失传多年的武林秘籍，从此命运发生了改变……

然而现实生活中，大多数人都是默默无闻的小人物，没有靠山也抱不到大腿，只能凭着日常工作默默"修炼"。

很多人应该都有过这样的经历，一份工作做了没多久就嚷嚷着辞职，理由是学不到什么东西或感觉不到自己的成长，跳槽很多次，沮丧地发现原来所有的工作其实都大同小异……

这真的是工作本身的问题吗？也许不是工作太贫瘠，而是你还没挖到宝藏就把锄头扔掉了。

中国有句话叫作"能者多劳"，但实际上这句话说反了，应该是多劳才可能成为能者。

之前认识一个 1996 年的女生，大三去公司实习，一年不到的时间就升到运营主管的位置，比大多数毕业两三年的人都要厉害。

她很聪明吗？并没有。

她只是一闲下来就想给自己找事做。

明明做的是课程运营，偏偏喜欢找社群同事的"麻烦"，一会儿吐槽用户体验不好，一会儿又想出提高社群活跃度的点子，明摆着抢社群运营同事的饭碗。老板当然"看不顺眼"啊，就对她说："既然你对社群运营那么感兴趣，那你干脆一边负责课程，一边来学社群运营。"

不要看她是 1996 年的，懂的却比那些工作了两三年的人还要多，有的人一毕业就停止了成长，而她像贪吃蛇一样，拼命从那些分外事中汲取快速壮大的营养。

所以哪有那么多职业瓶颈，不过是两耳不闻分外事，一心只干分内活儿。

02

谷歌公司创始人之一拉里·佩奇有一次在谷歌上搜索一些词条，想看看会搜出什么样的页面和广告，但得到的结果让他不太满意，虽然谷歌会弹出很多相关的搜索结果，但有些广告与搜索词条完全不沾边。

谷歌的关键词广告搜索引擎本应按照搜索词条筛选出最搭配的广告，谁知却偶尔会为用户搜出无用的信息，于是拉里把自己不喜欢的搜索结果打印出来，特意把存在问题的广告做了标记，又将打印出的文件贴在台球桌旁厨房墙壁的公告板上，并在上面写了"这些广告糟透了"。

拉里没有召开任何会议，也没有对任何人提及此事。

没想到，过了两天搜索引擎工程师杰夫和其他几位同事看到了这个留言，于是发了一封邮件给拉里，详细地分析了问题出现的原因，并且提供了解决方案，然后他们利用周末的时间编写出了解决方案模型。

让拉里惊奇的是，广告根本就不属于杰夫和几位同事的管辖范畴，可是他们却愿意贡献自己周末的休闲时光，解决这件并不属于他们管的事情。

杰夫和其他几位同事给拉里留下了深刻的印象，同时也让上任不久的拉里颠覆了自己对谷歌的看法。

而这些人正是谷歌公司极力保护、推崇的明星员工，他们不会把工作分成分内和分外，而是分成"我会做的"和"我要学习的"。

心理学上有个词叫作"互惠原理"，指的是我们会更愿意对那些曾经施惠于我们的人提供帮助。

再说到文章开头提到的"多管闲事"的同事，为什么那么多同事都认识他，甚至连老板也对他印象深刻？

因为当他每一次"多管闲事"地参与并在同事组织的会议上提出一个好点子或建议的时候，便加深了同事对他的印象和好感；每当他提出一些工作流程优化、管理方面建议的时候，老板便开始对他刮目相看。他的存在感，是一次次"多管闲事"刷出来的。

只有在职场中"多管闲事"，自己有麻烦事儿的时候别人才愿意多管你的"闲事"。

03

职场中，升职加薪与付出的努力往往不是同步发生的。

升职加薪是一个后置的事件。也就是说，只有你付出了更多的努力，管理者看到你的"溢价"后，才会主动为你升职加薪。

再说之前提到过的还没毕业就升到运营主管的女生，她是如何进入这家公司实习的呢？

她曾经购买了这家公司的产品，在社群中主动申请当"辅导员"，辅导员要负责做什么呢？

　　辅导员需要活跃社群氛围，在学员没有及时完成作业时督促，解答学员针对课程提出的问题，配合工作人员组织线下活动……这些分外事看起来不仅需要占据时间和精力，而且没有任何报酬，但是她获得的更多。

　　首先，因为辅导员的工作，她认识了群里在公司做高管的学员，并且因此获得了两个实习的机会。其次，因为辅导员工作做得很好，她后来也来到了这家公司做课程，并且成为公司着力打造的"明星学员"。

　　那些你不计回报的分外事，可能成为人生的契机。

　　每个人出生的时候都是一样的出厂系统，拥有同样的功能，相同的运行速度。但有的人通过分外事不断升级自己的系统，拥有更强大的功能和更快的运行速度。

　　我们永远都不知道自己能力的边界在哪里，如果你只是日复一日地重复分内事，其实是拒绝了成长的机会。而那些看起来不熟悉的、麻烦的、可能不该自己管的分外事，往往让我们成长得更快。

为什么不建议你去初创公司

最近有个读者跟我说，毕业后，面对众多的 Offer，自己选择了在一家初创公司工作。原因很简单，他以为在初创公司虽然辛苦点儿，但能尝试不同的工作，在短时间内获得快速成长。不像在大公司那样，只能成为严丝合缝的螺丝钉，换了个平台便不再适用。

结果工作了 2 年才发现，自己当年真的是太天真了。他以为在大公司会成为螺丝钉，换个平台就变成没用的零件，没想到在初创公司会成为消防员，哪里有火去哪里。

起初，他还有一丝兴奋，觉得可以切换到不同领域，拓展自己的能力。后来他才发现，自己虽然什么都懂一点儿，但是什么都不精通。做编辑吧，写出的文章，勉强能够及格，但要说到总结套路，或者快速出文，又远远达不到。做运营吧，每天往寂静的社群里转发一波公司的广告，大概就是他对运营工作的全部理解了。做产品经理呢，纯属充当用户和 IT 部同事的传声筒，用户反馈哪里有 Bug 就让 IT 部门的同事补哪里。

一个人做着三个人的工作，乍听之下好像很厉害，起初他也从这种繁忙的错觉中，以为自己无所不能。直到后来，和许久不见的大学同学见了面，对方一听说是同行，立马对专业领域滔滔不绝起来。整个用餐过程中，他后背出汗，一句话也说不出。因为他发现，对于同学谈论的专业领域的知识和理论，他一概不知，更不用提什么心得体会了。

所以，我想告诫刚毕业或毕业不久的年轻人：没事儿别想不开去初创公司。

初创公司有不少坑，这里就给大家盘盘。

1. 第一坑：野蛮生长，不适合新手

首先，初创公司大部分都处于野蛮生长的状态，在商业模式不清晰、变现能力未知和现金流紧张的情况下，活下去是公司唯一的使命和愿景。战略方向和老板的心情一样说变就变，公司合伙人散伙比员工离职率还高，核心技术全靠吹，期权协议跟堆废纸一样像个笑话，还有老板画的饼，又硬又干完全啃不动。

刚毕业的新手被扔进这样的环境中，就像是一个青铜段位的选手，突然被派去打最强王者的局——一脸懵啊。连技能拿来干吗都搞不清楚，出门就是裸送"人头"。

你跟我说，在这样的情况下多被摧残几次，就能练成风骚走

位，修得盖世神功？朋友，武侠小说看多了吧。

能逆风翻盘、低开高走的，都是骨骼清奇之人。大多数人，在初创公司的摧残下，估计连骨头渣儿也不剩。没有游戏攻略，没有视频教学，更没有牛人带队引路，能不能通关，全靠个人悟性。等失败了，你才懂得"啊，多么痛的领悟"这句歌词的含义。

刨去插科打诨的部分，正经地说一下：毕业 1 ~ 3 年，是职场人很重要的一个阶段，大多数人的工作习惯、思维方式都是在这几年养成的，一个良好的工作习惯和系统的思维方式，能够让你之后的职业生涯受益无穷。

第一份职业经历对一个人的影响，隐蔽又深远，要像对待初恋一样，慎重选择那个占据你最宝贵时光的公司。

2. 第二坑：跳板弹性不高

在知名大公司工作几年，和在不知名又挣扎在生死边缘的初创公司工作几年，两者之间的差距，就像别人能把《红楼梦》倒背如流，你还在漫画堆里看得津津有味。

人家在大项目里摸爬滚打，你在几十人的公司里练习扫雷。别人一个账号练到十级，你呢，开了十个账号，每个账号都是一级。

知名大公司本身就是金字招牌，简历都在发光，一眼就能被

HR 识别出来。参加些大项目，做出点儿成绩，跳板弹性大、向上跳、平级跳、向下跳，愿意跳哪儿就跳哪儿。

初创小公司就很尴尬了，虽然每天从早忙到晚，做过的项目和工作内容，放在简历里有凑字数的嫌疑，不放进去吧，又显得太苍白。想向上跳吧，偏偏跳板没有弹性，举高了手也够不着。

每个人都在为自己的履历打工，初创公司不能为你镀金，不过向下的大门始终为你敞开，保管你一路畅行无阻。

3. 第三坑：经理的头衔，实习生的活儿

有的人虚荣，一看到人家创业公司给出的头衔，就挪不动步了。头衔什么的，反正不要钱，你开心他开心大家都开心，何乐而不为？你以为，好歹是个部门经理，不说乌泱泱的手下，至少得有那么四五个吧。到公司一看，放眼四周，都是经理，手下给你指挥的人，半个没有。你才恍然大悟：搞半天，初创公司的头衔，都是经理起步。把你骗过来，还是让你做实习生的活儿。好不容易找个廉价劳动力吧，还要几个部门共用。最后实习生承受不住压力，走了。

实习生经过这段经历获得了成长，你呢，经过这段经历，后悔没有让实习生走之前把剩下的事儿给做了。说多了都是泪，你在想这年轻人怎么那么玻璃心，你老板后来看着你的辞职信的时候，心里也是这么想的。

4. 第四坑：牛人少

要找大神，就去大公司找，别问我为什么，学过概率的都知道。大公司里牛人多，分分钟虐到你没脾气。就跟打游戏一样，一边骂你一边带你飞，还一把抢过你的手机，跟你示范怎么放大招命中率更高。近距离观察大神、学霸的解题过程，不会做题还不会抄吗？

不过要想证明存在感，去初创公司就对了。你会发现，环顾一周，公司除了老板，最专业的人就是你。这种感觉爽吧。我很负责地告诉你，一般让你爽的东西，都对你有害。你在公司是专业人士，出了门就只是小白。

你还奇怪，在公司力战群雄，怎么到了外面就被一顿胖揍？不是你水平差，而是你对手太弱。一个小学生，在幼儿园里所向披靡，放到中学里，连擂台都爬不上去。

所以不要不以为耻，反以为荣，整个公司里就你最厉害，还真不是件好事儿。该给你扫的雷也差不多扫了，该给你排的坑也基本都排了。

当然，任何事情都不能一概而论。作为一名具有独立思考能力的读者，相信你也知道，任何事情都有两面性，大公司也好初创公司也罢，各有利弊。

人生就是不断踩坑的过程，你既要有避坑的眼光，也要有填坑的方法，还有不幸掉进去爬出来的决心。

你不挑剔生活，生活就会对你百般挑剔

01

我上大学时的一个室友，没事儿喜欢装扮自己的床位，觉得桌子和墙壁看起来冷冰冰的，于是在网上买了素雅的墙纸贴在墙壁上，买了文艺的桌布铺在桌面上。寝室的椅子是木制的，冬天坐上去又硬又冰凉，她又特意买了一个吊挂的藤椅，垫上软软的坐垫，这样可以一边看视频，一边抱着抱枕，整个人缩在藤椅里。

珠海的夏天蚊子特别多，每个人都会买蚊帐拴在床头，其他人都从学校超市里买的便宜又实用的透明蚊帐，只有她，觉得透明的不遮光，不够私密，又在购物 App 上买了粉色的遮光蚊帐。

我那个时候很不理解她的行为，不过是宿舍嘛，又不是家，至于那么费尽心思装饰吗？反正大学几年很快就会过去。

直到有一次，坐在她的藤椅上，看着桌上的花瓶和墙纸，意外地在这个狭小的空间里感受到了宁静。那一刻我才知道，原来挑剔自己的生活如此划算。

花几百块钱，用一两个没课的下午，就能够打造专属于自己的私密空间，在这个空间里，你不必忍受寒冷，不必被光线骚扰，也不会被谁打扰，一旦踏入这个专属于自己的小天地，顷刻间就能放松、静心。

这时才发现，原来我们过了四年的宿舍生活，只有她一个人，把家搬到了宿舍。

02

出过差的人都有这种体验吧，因为图方便，所以洗发水、沐浴露、牙刷都直接用酒店的。结果用酒店里的洗发水洗过的头发干枯毛躁；牙刷刷毛不够柔软，一不小心就伤得牙龈出血。

如果你是对环境忍耐度极高的人，住的地方，碗可以扔在水槽里三天不洗，地脏了，可以一直坚持到保洁阿姨来定期打扫，就连垃圾桶装满了，也可以用脚踩一下然后小心翼翼地扔，以免溢出来。你会渐渐发现，虽然你从不挑剔生活，但是生活开始挑剔你。

桌上堆了很多东西，电脑只能以一种危险的角度放在桌面上，却从没想过挪动，直到有一次电脑终于落地，光是修理费就花了一两千；衣橱里的衣服因为很少整理，所以总是由于找不到配对的袜子而迟到；轻度失眠，稍微有点儿光就睡不着，却从来没有想起换个窗帘或者买个眼罩，所以黑眼圈越来越严重。

而有的人，有很强的自我知觉能力，能够察觉任何能够给自己感官造成不适的事物，一经发现，就要想方设法改变或者解决，直到自己觉得舒适为止。

他们认真地跟生活较劲，把生活挑剔得只剩下舒适，而生活回馈给他们的，就是良好的氛围和体验。

03

《Running Man》中有一期的任务是让每个成员准备自己关于圣诞节有关的回忆和相关的物品，有的人在接到任务的时候觉得不知所措，想一想过去几十年的人生，却发现怎么也想不起来，于是只好瞎编故事。

只有全昭旻，拿出一个盒子，里面装着小学五年级时自己做的圣诞节贺卡，上面稚嫩的字迹还被发现有一个错别字，不仅如此，她连曾经因为失恋擦过眼泪的纸巾都保存着。

对于其他人而言，只不过是为了编一个故事而已，应付节目罢了，但是生活呢？也可以同样搪塞过去吗？当想起几十年的人生中，关于圣诞节的回忆一片空白，会不会觉得白过了呢？

而那些对生活充满仪式感的人，他们会把和男／女朋友看过的电影票、去对方城市的高铁票、和对方一起旅行的门票统统保存下来，正因如此，生活回馈给他们无数珍贵的回忆，这些回忆像是口袋里的星星，只要在难过、沮丧的时候拿出来看一看，就能再次让人充满勇气。

还有阿拉斯加人乔纳森·凯勒，他每天都自拍一张照片，16年从未中断过。

凯勒说，那时刚刚购买了一台价格不菲的数码相机，惹得女友十分不开心，并质问他是否可以做到每天都使用这台相机。于是凯勒便承诺可以每日都自拍一张。令人们没有想到的是，凯勒将这个承诺坚持了16年之久。"我觉得这个计划的意义是可以看到自己日复一日的变化。"

你或许无法从昨天、前天的自拍中看出什么变化，但当你三十岁回过头再看，你才想起二十岁的你长什么样，时间是如何精心打磨你的骨骼、肌肤，年轻时的婴儿肥早已不见，眼部多了些笑纹，神态更放松，不再那么局促，眼神也更加坚定。

如果你不适时记录生活，那十年之后，生活也不会给你留下任何足迹。

交一张白卷，得分为零。

我相信，依然有很多外表看起来很精致，但生活却一塌糊涂的女生，买一千元的衣服毫不心软，买三百块钱纯棉舒适的内衣却犹豫不决。她们善待鞋子、包包，就是不善待自己。她们对时尚很敏感，唯独对身体和内心的感受很愚钝。她们在微博、朋友圈里假装生活，在真实世界里却没有生活。

因为当你对生活粗糙时，生活也会对你敷衍。一旦你不挑剔生活，生活就会对你百般挑剔。

讲好一个故事，你的未来就能增值 200%

记得前年在一家公司做内容的时候，老板是业内有名的出版人。有一天，他把我们部门的人叫到会议室，让每个人认真看一个 5 分钟的视频（所有人都是第一次看）。

这个视频是一个绘本的宣传短片，看完之后，他让观看的每个人依次讲述一个记住的信息点，然后让另一个同事在旁边做记录。几轮过后，直到所有人能把自己记得的信息点说完了，这个测试才算结束。

老板让负责记录的同事把记录的内容展示给大家，你们猜，能够留在人们印象中的那些信息点是什么？

是这本书的市场价格是多少，还是作者获过什么奖，抑或是这本书是采用什么纸张？

实际上，这张记录纸上，没有一个是和上面有关的信息……

真正留在我们脑海里的信息点五花八门，譬如作者讲述的梅雨怪的故事；作者之所以做绘本是因为自己的女儿；作者是如何和绘本结缘的……

这些信息都有一个共同点：都和故事有关。

也就是说，不管视频拍得怎么样，不管拍视频的人想要向观众传递什么样的内容，真正能够留在观众脑海中的，就是故事。

《故事经济学》的作者"编剧教父"曾说过：故事天生有吸引并抓住受众注意的独特能力。也就是说故事天生具有吸引力，一个好的故事，本身就价值连城。

我曾亲身见证过故事的威力。记得刚刚毕业时，我投了各式各样的简历，也经历了无数次面试，我没有很多实习经验，也没有什么专业背书，在学校也是学渣级别的，可以说，没有一样拿得出手……

所以面试的过程就是自信心一次次被打击的过程。但因为一件事，让面试官对我发生了改观。

那也是一次面试，面试官看我学的物流专业与写作八竿子打不着，所以随口问了一句为什么会开始写作？

于是，我就开始讲述自己关于写作的故事：在大学以前，我在写作上没有显现任何的天赋，也没有表现出超乎常人的热情，整个人都是懵的。直到有一次为大合唱做钢琴伴奏时遇到了一个大二的学长，当时他是大合唱的声乐指导，看我眼熟，随口问了一句"我们之前是不是见过面"，后来才知道早在这之前，我们就在琴行见过。更巧的一次是，有一次和室友去上课的途中，突然想到了他，下一秒他就骑着自行车从我的面前经过……

那个时候我想到一句话：当你在想一个人的时候那个人刚好出现在你面前，说明你们真的很有缘分。

那一刻，我觉得自己的任督二脉仿佛被瞬间打通，那是我第一次觉醒。内心里突然出现好多声音，它们喧嚣着想要窜出来，我开始把这些声音记录下来。一本日记本被写完了，我的暗恋因为一次"自杀式"的表白也彻底结束了……

这时候，我看到面试官皱着的眉头变得松弛惬意。

我继续讲。多年以后，也许他根本不会记得有这么一个普通的女孩曾向他表白，他也不知道他的出现彻底唤醒了一个沉睡的女生。后来我们有没有在一起并不重要，重要的是，他的出现对于我来说本身就是一种意义。沉睡的那个自我觉醒了，因为对他的暗恋，让我的文字沾上了恋爱的气息。

后来大三实习，机缘巧合，我到了一家影视公司。坐在我前面的恰好是一个编剧，我每天看到的，就是她坐在座位上，要么专注地在看一部电影，要么键盘被打得噼里啪啦的，我特别向往这种状态。

可是那时的我并没有任何写作经验，我只是作为一名人事助理，默默地畅想着未来。直到有一次，我打开网页，注册了一个公众号，粉丝只有7个：我、家人以及朋友。就像堆积的洪水终于被开了闸口，我一发不可收地开始写文章。

有一句话是这么说的：当你找对了方向，全世界都会为你让路。

在我写到第 3 篇的时候，一个业内 TOP 10 的公众号创始人找到我，要转载我的文章，一夜之间，就增加了 3000 多个粉丝。惊喜是接二连三的，过了两天，我投稿的公众号有了回音，主编主动加我微信，跟我约稿，一对一地指导我写文章。

而我的第一篇"10w+"，写的是一场没有结局的暗恋，主角就是自己。

这个故事有点儿长，让我奇怪的是，说完之后面试官不仅没有不耐烦地让下一个面试者进来，反而对我说："不知道为什么，虽然你说了这么久，但我并没有觉得不耐烦，你娓娓道来的感觉，让我觉得你真的很适合写作。"

后来，面试官直接加了我的微信，跟我说很欢迎我加入他们的团队……

第一次，我意识到故事的魔力。

如果你在找工作，可能会因为一个好故事让面试官对你印象深刻，从众多竞争者中脱颖而出；如果你在谈恋爱，讲述一个好故事或许就能让对方对你的好感迅速提升；如果你要参加一个行业交流会，没有资深的背景背书，一个关于你自己的好故事，也许就能让潜在客户、合作伙伴主动加你微信；如果你做的刚好是营销方面的工作，那么一个好的故事也许就能抢占用户心理，创造刷屏的营销事件……

不管你是在找工作还是谈恋爱，亦或是聚会上社交，一个好的故事都能让你瞬间脱颖而出。一个好的 Storyteller，才是取之不竭，用之不尽的宝藏。

那么，怎样把一个故事讲好？怎样才能成为一个好的Storyteller 呢？

总的来说，一个好的故事离不开这八个阶段，为了便于理解，用《流浪地球》来做解读。

第一阶段　确定目标受众

在讲述故事前，你首先要了解你的受众是谁。

《流浪地球》的受众就是买票进影院的观众。

第二阶段　确定主题

故事开始时，主角处于一个平衡状态。

《流浪地球》的主人公是一名高中生刘启，他的父亲在他很小的时候就去太空执行任务，虽然对单调无聊的日子有点儿厌倦，对父亲也充满了不理解，但他的整个状态是平衡的。

第三阶段　激励事件

激励事件是一个意料之外的事件，激励事件出现以后，它打破了主人公的平衡状态。

刘启的平衡状态因为木星引力的改变而被打破，木星引力突然增大，导致建在地球各地的推进器发生故障，而照这种状态发展下去，地球很快就会毁灭……

第四阶段　欲望对象

主人公的平衡状态被打破了，所以想要重新找回生活的平衡，为了达到这个目的，主人公产生了欲望对象。

刘启为了找回生活的平衡，为了能够继续生活在地球上，为了某天能和父亲团聚，开始产生了欲望对象——拯救地球。

第五阶段　第一个行动

为了得到欲望对象，主人公开始采取第一个行动。

为了拯救地球，刘启和编号为171-11的救援小分队开始了最后拯救地球的任务，他们将带着重启推进器的火石到其中一个基地。

第六阶段　第一个反馈

主人公第一个行动的反馈往往以失败告终。

但当他们历经万难到达基地的时候，才被告知地球与木星的距离已经突破洛希极限，即便重启各地的推进器也已经无力回天，人类只能等待地球末日的到来。

第七阶段 危机下的抉择

现在，主人公不仅没有得到欲望，反而快要失去它了，所以主人公带着第一个行动失败的经验和教训，开始采取第二个行动，第二个行动往往比第一个行动更为艰难。

在所有救援队心灰意冷，准备回家和家人做最后的团聚的时候，主人公刘启突然想到在自己很小的时候，父亲跟自己提到过，木星上90%的气体都是氢气。于是他急中生智，把附近几个推进器的火力全部集中到一个推进器上，然后利用推进器点燃木星，利用木星瞬间爆炸的威力把地球反弹至更远的地方。

救援队的斗志重新被点燃，开始做出拯救地球的最后努力。而这一次，需要更多的人力来配合，时间更紧急，操作难度也更大。

第八阶段 高潮反馈

终于，因为主人公在危机下采取的第二个行动，得到了欲望对象，这便成为故事的高潮，也是故事的结尾。

最终，经过救援队的不懈努力，地球脱离了被毁灭的危险，刘启终于找回了生活的平衡……

当然有的故事可能会采用倒叙、插叙的手法，八个阶段的顺序可能会有所改变。有的故事可能是电视剧，不停地重复第五、六阶段，譬如经典美剧《越狱》《致命毒师》……但所讲述的故事剧情、元素和这八个阶段大体相同。

也许有人会质疑，故事真的有那么大的影响力？难道不应该用数据说话吗？

在注意力经济的时代，有什么能比勾起别人的注意力，让对方记住你更有价值的呢？

为什么越长大我们活得越孤独？

有段时间，一篇名为《北京，有2000万人在假装生活》的文章刷屏朋友圈，作者说北京没有人情味，在相当于27个首尔大的北京，交换过名片就算认识；一年能打几个电话就算至交；如果还有人愿意从城东跑到城西，和你吃一顿不谈事的饭，就可以说是生死之交了；至于那些天天见面，天天聚在一起吃午饭的，只能是同事。

人情淡薄是大城市的标志，没有人会关心你昨天晚上吃了什么，也没有人会停下来问妆都哭花了的你发生了什么事。城市越大，我们活得越孤立。

我老家在四川，在广东上大学，毕业后来到了上海，家人在老家，朋友也都在异地。比起一起逛街吃饭，一起看电影吐槽，朋友成为分享资源链接、一起组队打游戏的存在。

凌晨打开微信，发现通讯录里面已经有1500多人了，但在朋友圈里翻了半天，也没翻到一个熟人的身影。而电话通讯录里的人寥寥无几，自从去年换了手机后，里面只有家人、朋友的联系方式，他们在电话联系人列表里住得很宽敞。

不知从什么时候开始，生活没有新的人进来，日子渐渐变老变旧。

为什么我们越长大越难以交到新朋友？

1. "上班那么累，哪有时间交朋友"

上大学的时候，课不多，朋友遍地都是，只需要蹲下来捞一把。那时候的我们，大把大把的时间泡在学生会、兴趣社团，寻找适合自己的圈子。在那里，都是兴趣相似、志同道合的年轻人，我们漫无目的地聊天，将喜欢的歌手、看过的电影、对食物的痴迷——道来，然后拍一拍大腿说："哦，我也是！"三两句聊嗨了便觉得相见恨晚。

大四实习的时候，曾有工作几年的前辈告诉我："好好珍惜学生时代的朋友，等你毕业工作以后，就很难交到真正的朋友了。"

那个时候觉得奇怪，交朋友难道不是轻而易举的事情吗？毕业后才发现，你每天会和很多人擦肩而过，却没有时间停下来与他们产生交集。

不得不承认，我们的时间被工作填满了，剩下的时间，只想浪费在恋人和好友身上。我们开始意识到时间的短促和吝啬，所以没有余闲为邂逅和偶遇买单。

尤其是当你结婚生子以后，为了接孩子上学和放学不得不推掉同学聚会，老友几年没见却因为承诺了带孩子去海洋公园而不得不改期，属于自己的时间约等于零。人生被密密麻麻的事务排满，哪里有时间去交往新朋友？

2. "我很难再对别人坦诚相待"

以前总是被父母说"单纯，做人没有一点儿防备心"，遇到个聊得来的，恨不得把家住哪里都跟对方讲。

毕业以后，由于身边接触的人身份更复杂了，我们往往拥有几个不同的圈子，在不同的圈子表现出不同的特质。为了不使对方感到困惑，也为了使自己看起来一致，我们往往不会随便把其他圈子里的人带到自己的另一个圈子里来。

拿工作的圈子来讲，我们很少会把同事发展成为生活中的朋友，由于工作上具有利害关系，你也很少会和同事说一些"私密"的话题。

然而从陌生人变成朋友的一个典型特征，就是自我暴露的广度和深度的加深：当你们频繁地交往后，有一方会先冒着暴露个人信息的危险，去"测试"对方是否有回应。如果对方也开始和你吐露心声，那友谊就会开始建立起来。

工作以后，我们往往会减少自我暴露，透露自己的情感生活和分享比较私密的话题往往被认为是危险的。当在交往中采取了防备的姿态，对别人的自我暴露不予回应，或者较少的吐露心声，便会让对方有"不公平"的感受，从而使关系退回到互相防备的状态。

3. "每次问自己值不值得时，就杀死了一个新朋友"

职场中的友谊比起学生时代的友谊往往更为复杂，往往不那么"纯粹"，不可避免地夹杂着资源置换的成分。朋友和人脉有时候会混为一谈，朋友只有在"有用"或者"将来有用"时，我们才愿意花费时间和精力去维护。

经济学上有一个词叫"机会成本"，一个人在选择做一件事的时候，是有机会成本的，你选择去见一个朋友所花费的这半天，本可以用来看电影或者看书。而这些，就是机会成本。

去见一个网友要一整个下午，你不知道这个网友会让你惊喜还是失望，但是你知道，如果不去，这个下午可以躺在空调房盖着薄被睡个午觉，再悠闲地看一部喜欢的电影。用一个下午换一个未知的网友，值不值？

所以，你选择不去。

我们的头脑不知不觉变成了信息处理器，不停地计算着得到与付出的成本。如果一件事有显而易见的好处，就去做；如果它未知，还必须付出既定的代价，那就不做。

记得以前大学放假坐大巴去机场，因为方向一致就觉得与对方有缘。仅仅路上的 50 分钟，却早已聊透了生活和梦想。

现在过年回家，即便别人主动搭讪问话，也表现出一副被打扰的模样，不就是老乡嘛，有什么用？浪费一两个小时聊天，还不如好好睡一觉。

可是，到现在玩得要好的朋友，似乎都没有什么用。每当在问自己值不值得的时候，就间接杀死了一个新朋友。

4. "微信聊天就可以，还需见面做什么"

随着人们越来越依赖对微信的使用，渐渐模糊了网友和真实朋友的界限。通讯录里有家人、老友，也有才见面不久就加上微信的"朋友"。然而，你认为的朋友中，又有多少人把你当作朋友呢？

你不知道他们在哪座城市，生活中的穿搭是喜欢混搭还是名媛风，吃到蒜时会不会吐掉……

你以为在朋友圈里点个赞，就能代替朋友的一个拥抱？你说你生病了他发了一个表情，就比一杯温水管用？你们隔着电脑、手机屏幕，用文字代替语言，用 60 秒的语音代替唾沫横飞的见面，除了他想告诉你的，你对他，一无所知。

而友谊的确认往往是从细节开始的。当你谈到自己的朋友，却无法说出关于他的细节，这样的朋友还是朋友吗？只见过对方的照片，不知道他是胖是瘦，是急脾气还是慢性子，如果仅仅停留在微信聊天，那么这些细节永远无法得到确认。

可是见面不一样，即便她的自拍照被磨皮、被瘦脸，在见面的一刻粉再厚、妆再浓也依然无法掩盖真实的自己；微信聊天的时候话接得刚刚好，表情包一甩分分钟炒热氛围，见面的时候却一言不发、木讷拘谨。

见面使我们得以接近最真实的对方，唯有在一个个细节被确认的前提下，友谊才能转正。

5. "更可怕的是，我已经失去对别人的兴趣了"

他是什么样的职业，背后有着怎样的故事，又与我何！

比起没有时间和机会认识新朋友，更可怕的是，我们早已关掉了让别人进入自己人生的门。

每到一个新环境，便筑起厚厚的墙，阻挡陌生人的好奇和接近，不是低头玩手机，就是冷若冰霜，三言两语后结束话题。

在舒适区里，我们的不确定、匮乏和脆弱都降到最低，我们认为自己拥有足够的爱、食物、才能、时间，能够获得足够的欣赏，我们能感受到自己的控制力。

每天走同一条路，坐同一号线地铁，知道现在出门 50 分钟后就能到达公司；和老朋友见面，不用特别打招呼，就能点你们都喜欢的菜，然后扭头告诉服务员不要葱、多加醋。

每天身处的环境、接触的人和事都是自己熟悉的，让人感觉到安全，但是如果每天接触到的都是熟悉的人和事，便断绝了认识新朋友的可能性。

那么如何才能交到新朋友呢?

1.学一点自我暴露的小技巧

如果想得到一个新朋友，一定的自我暴露必不可少。

自我暴露包括两个维度：广度和深度。广度是指你们的聊天范围、话题的广泛性；深度是你们聊天内容的深刻性。两个人的关系变得亲密的过程一定是伴随着自我暴露广度的扩展和深度的挖掘。

当和对方聊天时，不仅仅停留在表情包的决斗上，更可以试着就不同的话题，如大热的电视剧、刚上映的电影、新看的小说、成长经历、情感问题、工作问题进行交流。

从对方对不同事物发表的看法中，我们可以了解到更多关于对方的信息。

当然，也可以就一个话题向下挖掘更多的东西，可以就最近的电视剧谈谈里面角色的价值观，再问问对方的看法，自然而然就会互相分享彼此的经历和价值观。

2.想交朋友见面聊

如果在微信上和对方聊得不错，而且发现对方恰好和自己在同一个城市，不妨约出来见个面，吃吃饭喝喝茶。

在你们彼此见到对方的那一刻，或许会觉得对方和自己想的不一样，但是你们彼此的形象、声音和细节已经得到了确认。

在揭掉不真实的隔膜的一刻，友情才有可能生长。

3. 经常"刷脸"

"多看效应"指的是我们对经常见到的事物会更加喜欢。

如果逛超市的时候你看见两件商品，在价格一致、成分一致的情况下，如果你对它们都不了解，但是你曾在地铁上、视频上看到过其中一件商品的广告，那你多半会选择经常看到的那件商品。

同样，多看效应也适用于人。多制造一些和对方接触的机会更有可能增加对方对自己的好感。微信上经常分享一些好玩的内容、买衣服拿不定主意时让对方提提建议、听说哪家店的东西很好吃就一起约饭……让对方在生活中无法忽视你的存在。

4. 保持对他人的好奇心

好奇心虽然有一部分由人格特质决定，但你可以刻意要求自己对陌生人提出一两个问题。

我们会经常看到那些善于结交新朋友的人特别擅长和陌生人搭讪，开头的内容可能是对方的口音，也可能是今天的天气，总之，你也不知道为什么，他们就聊上了，而且话题被扯得好长好长。

其实这些善交际的人，他们也不清楚自己拥有的技能，只是源于对陌生人的好奇心，导致他们想要了解对方的生活并和对方建立联系。

刚开始这么要求自己时，或许会觉得有点儿刻意和尴尬，甚至导致冷场，但是这种方式会逼迫自己对他们产生好奇心，久而久之，当成为一种习惯后，就会发现自己也拥有和陌生人搭讪的"语感"。

在老朋友渐渐失去联系的日子里，我算了算朋友增长率，竟然是负数，交新朋友的速度远远比不上好朋友渐行渐远的速度。按照这种速率算下来，不出几年，我的朋友们就会全部"灭绝"，只剩下自己，孤独地活在这个世上……

Chapter Three

第三章

你永远赚不到认知之外的钱

4 个贫穷怪圈，
正在让你变得又焦虑又穷

01

你有经历过贫穷的阶段吗？

明明对这份工作不满意，想一想放在银行还要付保管费，还是告诉自己再忍一忍；去超市买东西，看到了商品上的价格，想想还是收回了手；刚刚和男朋友吵了架，却发现无处可去，在宾馆住一晚上也要 200 元左右，还是只能回到住处当作什么都没发生……

谁都知道说一句"老子不干了"很爽，可是爽过以后呢？才发现没有余额为自己的随心所欲买单。

有钱人可以选择过什么样的生活，而贫穷的人只能被生活选择。

对于有钱人来说，他们有很多机会试错，有的是用来缓冲生活突如其来的重拳的底气。而对于穷孩子来说，他们步步谨慎小心，稍不注意就会跌落万丈深渊。

贫穷不只是输不起，是连赌注都没有。更残酷的是，在贫富差距越来越明显的时代，作为一个贫穷的年轻人，若是希望过上富裕的生活，仅仅靠努力是不够的。

贫穷像是一只怪物，一不小心，我们就会被吞噬，一夜暴富、天上掉馅饼的概率小之又小。我们只能一边警惕掉入贫穷的怪圈，一边学习掌握正确的金钱观。

02

贫穷的人，最容易掉入哪些贫穷的怪圈？

1.过度消费，工资的增长速度抵不上欲望的膨胀速度

我们似乎进入了这样一个时代：消费就是正义。

商家用"女人要爱自己"催眠人们购买各种衣服、包包、化妆品；穿着几千块钱的鞋，吃着几块钱的方便面；新衣服上的标签还没来得及剪，手机上信用卡催还短信就到了；和快递员的通话次数比男朋友还频繁……

这个时代，很多人认为节俭不再是美德，而是"原罪"，节

俭甚至被污名化，成为"吝啬""小气""不懂享受"的同义词。

"多亏了"现代社会的营销手段，培养了我们这一代和父母们截然相反的消费观。父母们省吃俭用是为了存钱，而我们省吃俭用则是为了花钱。他们觉得五块钱一把的蔬菜很贵，我们却觉得打折后五百块的衣服很划算。

事实是，我们嘴里的穷并不是真的穷，只是赚钱的速度跟不上花钱的速度，卡里的余额填补不了心里的欲望。

新出来的手机没钱换；借贷平台里还有借款未还；"双十一"清空购物车，剩下的日子只能吃"土"……

于是我们买了很多自己认为必备，但买来却很少使用的商品，每个月的工资全用来还上个月的欠款。但我们忘了，一个欲望被填满了，就会有更奢侈的欲望冒出头。欲望无止境，于是我们沦为欲望的奴隶，戴着沉重的镣铐，还醉生梦死地面带微笑。

2. 追求安稳，你的死工资正在拖垮你

刚毕业时，或许你找到了一份薪资不错的工作，而刚好这份工作也比较清闲，比起那些薪资低还经常加班的同龄人来说，你对目前的工作很满意。

毕业一年后，你的薪资涨了一点儿。这个时候，身边的朋友辞职的辞职，创业的创业，你在感慨他们颠沛流离的同时，抬

头看了看办公桌上刚到的鲜花，只觉得岁月静好。

两年后，你的薪资又涨了两千，身边的老同事几乎走得差不多了，而你还在这里。工作的内容熟悉得不能再熟悉了，经常在微信上和朋友聊天，偶尔逛逛购物 App，准备趁着"双十一"买几件像样的大衣。

这种状态一直持续到某天，你看见曾经要好的室友已经开上了宝马，大学时考试经常挂科的同学创业获得了融资，你开始迷茫了。

工作是现代社会的卖身契，我们用每天精力最饱满的 8 个小时换取一份稳定的收入，而这份收入在扣完税，交完房租后所剩无几，就算不吃不喝，凑够在北上广买一套房的钱也需要几百年的时间。

当我们的工资线性增长，而房价却呈指数增长时，虽然工资看起来比以前更多了，但是我们却感觉越来越穷了。

当你发现路边卖煎饼果子的大妈也能月入两三万的时候，你才发现，一直以来所追求的安全感，恰恰让自己变得越来越不安全。

更可怕的是，当你发现自己的工作无法为未来提供保障时，你已经失去了离开的能力，两三年的时间，你在重复性劳动中，不知不觉成为了一个"废物"。

3. 浅显的目光，让人陷入贫穷—短视—更贫穷的死循环

我曾经有过一段"贫穷"的日子，裸辞之后，银行卡里没有存款，也不敢打电话告诉母亲。那时候正值 12 月，走在面试的路上，衣服穿得很厚，心里却很冰凉。

为了应付下个月的房租，我只能匆匆忙忙找一家公司。结果，在这个公司待了一个多月再次离职，成为 HR 眼中跳槽频繁、稳定性极低的员工。

《我在底层的生活》一书中，为了寻找底层贫穷的真相，作者隐藏自己的身份与地位，潜入美国的底层社会，去体验低薪阶层是如何挣扎求生的。最后作者发现一个事实：因为没钱，为了省钱，不得不住在偏远地区；因为住在偏远地区，所以不得不花费大量时间在路上；因为花费很多时间在路上，能用于提升自己和发现更好的工作机会的时间越来越少；因为能力没提升，也没去寻找更好的工作机会，她继续贫穷着。

其实这跟我找工作的经验很相似，为了省钱或短时间内赚钱，很容易去做一些短期看似有利，但长期看来却回报很少的事情。

当生存比生活更为迫切，哪有时间顾及诗和远方？

就这样，我们带着短浅的目光，跟着那一丝生存的召唤，不断地奔跑着，在贫穷的罗盘上绕圈，越跑越累，直到心力交瘁。

4.缺乏富人的金钱观，贫穷思维是可以遗传的

很遗憾的是，贫穷，也许并不是努力就能摆脱的。

我们从小被父母教育，好好学习，考上好的大学，找一份稳定的工作，好像这就是所谓的"圆满的人生"，对于一辈子都是勤勤恳恳地工作的父母来说，稳定比什么都重要。

他们努力把生活、把自己榨干，从中攒出买房的钱、孩子上学的学费。有一些父母可能连安享晚年也实现不了，还得背负着孩子的房贷，心甘情愿把剩下的自己榨干。

在《富爸爸穷爸爸》一书中，作者罗伯特·清崎有两个爸爸："穷爸爸"是他的亲生父亲，一个高学历的教育官员；"富爸爸"是他好朋友的父亲，一个高中没毕业却善于投资理财的企业家。

清崎遵从"穷爸爸"为他设计的人生道路：上大学，服兵役，参加"越战"，走过了平凡的人生初期。

而"富爸爸"却教给了他很多在工薪阶层看来"风险太高""荒唐可笑"的金钱观念：老板的工作不是让你富裕，只是确保你得到工资；穷人为钱工作，而富人让钱为自己工作；房子并不是一项资产，而是负债；投资没有风险，没文化才是有风险的；高薪并不意味着更多的财富，只是意味着你会缴更多的税……

清崎亲眼看着一生辛劳的"穷爸爸"在不断地还着房贷、节

俭地生活，最后陷入失业的困境，而"富爸爸"则成了夏威夷最富有的人之一。

他毅然追寻"富爸爸"的脚步，踏入商界，从此登上了致富快车。

穷人和富人有着迥异的金钱观，当穷人还在用时间换钱的时候，富人早已拥有足够的资本为自己节省更多的时间。

而更可怕的是，贫穷会遗传，富人将自己的金钱观传递给下一代，而穷人的孩子只能重复父母的金钱观，在房贷、车贷的重压下寸步难行。

要走出贫穷的怪圈，你可能不得不承认的一个事实是，也许父母那一辈传给我们的金钱观是错误的。

03

贫穷的年轻人，要怎么尽快地跑出贫穷的困境？

1.培养更强的求生本领，抵御贫穷的侵袭

对于很多年轻人来说，拥有越强的求生本领，越能抵御贫穷的侵袭。

美食作家蔡澜在接受采访时曾说过一段话：我一段时间一定

要做好几件事，从来没有只做过一件事。我做电影的时候开始学书法。这是我母亲教的，人要多一点求生本领，一件事你做到不想做了，就可以做别的。求生本领越高，你的自信心越强。因为人总是怕又老、又穷、又病，但是你有很多求生本领的话你不怕的。

你的本领能够为你带来财富，这话一点儿也不假。

所以电影监制出身的蔡澜至今为止出了200多本书，在香港开了自己的蔡澜美食坊，有时还组个蔡澜旅行团去世界各地……

其实，不仅仅是增多本领，若你能拥有他人少有的本事或难以企及的高度，这也会大大增加你致富的可能。

美国2000年的数据表明：53%的成年犹太男性在法律、医学或学术领域的行业工作，而非犹太白人的比例则是20%；受雇于建筑、交通行业的成年犹太男性仅为6%，而非犹太白人则为39%。

并不是因为犹太人天生存在智力优势，而是由于历史原因。犹太民族颠沛流离，他们并没有可以用来耕种的土地，天生安全感的匮乏，反而让犹太民族对财富及稳定性更加渴求。

因此他们往往通过教育去拥有强大、难以替代的求生本领，以此提升自己的竞争力，也让自己的收入不再被动地"颠沛流离"。

当一个人做的是简单、低门槛工作的时候，也就意味着他随时随地都可能被其他人取代。而当一个人拥有够强够多的本事，那才算真正地得到一个"金饭碗"。

2. 调整收入结构，让收入的来源更加丰富

首先问问自己：如果你失去了目前的工作，你还有收入来源吗？

在《富爸爸穷爸爸》一书中提到过现金流的四个象限，也就是普通人收入来源的四个象限：E：公司给的薪水；S：自由职业者自己赚的钱；B：自己企业赚的钱；I：投资赚的钱。

富人收入中 70% 都来源于 B、I 象限，只有 30% 来源于 E、S 象限；而现在很多年轻人的收入，仅仅是来自 E 象限，此时收入的增长就只能靠时间，而且一旦丢失工作，就有很大的收入危机。

要让自己获得所谓的财务安全，就需要安全地把脚放在不同的象限。

前段时间很火的一个名词——斜杠青年，指的是一群不再满足"专一职业"的生活方式，而选择拥有多重职业和身份的多元生活的人群。他们既可能在一家公司做雇员，也有可能拥有自己的公司，既为公司工作，也为自己工作。

斜杠青年们不仅在收入上比普通的上班族更多，更重要的是，他们在职场上拥有更轻松的心态和更多样的选择。调整自

己的收入结构除了可以让自己增加收入以外，更深的意义或许就是给自己多留条后路，多点儿选择。

一味地鼓励人们辞职去创业确实不妥，但一边做着自己的工作，一边发掘其他收入来源也许是一个更好的办法。

除了创业，投资也可以是一个很好的选择。这几年越来越受欢迎的理财产品，也证明了越来越多聪明的年轻人，开始增加投资得来的收入，让自己的财富增长得更快一些。

富人和穷人的唯一差别就是他们在闲暇时间里所做的事。

当你工作的时候请努力工作，不要在上班时间做其他事情，这样，你的老板会更欣赏你、尊重你。而下班后，你用你的薪水和闲暇时间所做的事情，无论是增加本事、赚外快、创业还是投资，将决定你的未来。

04

张佳玮曾写过一篇文章，里面提到过自己年轻时的窘境，和女朋友走在街上，兜里只有几块钱，最后和女朋友坐在丁字路口的马路牙子上，背靠着背一人一半分食肉夹馍。

对于那时候的张佳玮来说，穷是拼命想摆脱的困境，而对后来成名的张佳玮来说，穷却成为一种难得的回忆，以至于"后来吃过的一切，没一样能和当时的肉夹馍相比"。

可我想说的是，贫穷绝对不是一件美好的事，它之所以可以变成一种美好的回忆，是当它已经成为一种过去式的时候，没有一个贫穷的人会发自肺腑地喜欢贫穷的日子。

王尔德说："年轻的时候我以为钱就是一切，现在老了才知道，确实如此。"

贫穷并不可耻，可是贫穷的生活很难让人保持体面，得到应有的尊重。

对于年轻人而言，正确的金钱观不是没有钱也可以生活，而是承认钱的重要性，并且用自己的双手去创造更多的财富。

你能否成事，
90% 取决于是否拥有 "第 3 选择"

看文章之前先问你一个问题：如果你刚刚毕业，想进一家公司，但招聘标准比较高，在没有认识的人内推的情况下，你的简历极有可能被刷下来，这个时候你会怎么办？

选择一家自己能进的公司先做几年，积累了工作经验再去投递，还是精心打磨自己的简历，反复投递，希望能够表明诚意打动 HR？

不管做出以上哪个选择，你心里应该明白，能进这家公司的可能性微乎其微。但同样的处境，有的人就能成功地扭转局面。

我有个朋友，刚毕业时想进一家公司工作，但因为招聘条件比较严苛，他的学历显然无法通过简历筛选的这关。

但他并没有做上面的任何一种选择，而是另辟蹊径，想到既然正常的招聘渠道行不通，那不如从老板身上下功夫。

　　于是他从微博上找到那家公司 CEO 的微博账号，为了表明自己想进公司的诚意，他提前做了很多功课，在了解了公司的企业文化之后，他给那家公司的 CEO 发了一段很长的文字。

　　当时他也只是想试一下，没抱太大期望。没想到，那段文字真的打动了公司的 CEO，过了几天，公司的 HR 打电话给他约面试。

　　结果当然可想而知，他成功地进入了自己想进的公司。

　　在职场和生活中，我们会遇到很多这种看似只能二选一，但可能两种选择都不是很好的情况：跟老板提加薪被拒绝，要么选择逃避，消极怠工浑水摸鱼；要么选择战斗，一封辞职信递到老板面前。寻求跨部门同事的帮助但对方不配合，要么选择逃避，干脆自己动手；要么选择战斗，在工作群里指责对方拖慢进度。面对客户无理的要求，要么选择逃避，对方说什么就改什么；要么选择战斗，做好辞职的准备怼客户。

　　但其实很多时候，除了逃避和战斗，往往有第 3 种选择，一种让双方都满意的最优解。

　　因为人生不是选择题，除了 A 就是 B。人生也可以是填空题，你可以给出自己的答案。

　　你有没有想过：为什么在有的人看来无论如何也做不到的事情，有的人却能够奇迹般做到？为什么有的人只能认命，而有的人却总是运气好、能心想事成？

造成不同结局的根本原因，就是"第3选择"思维。

一个人能否成事，很大程度上取决于他是否有"第3选择"。什么是"第3选择"？

《第3选择：解决所有难题的关键思维》中举了一个例子，一只恒河猴在面对天敌或同类的威胁时，肾上腺素会开始飙升，心跳加快，肌肉绷紧。这时候它往往有两种反应，要么快速逃离，要么紧盯对手，龇牙咧嘴地准备战斗。

而大多数人在面对威胁或挑战时，反应和这只恒河猴差不多。

试想一下，当上司把刚刚离职的同事的工作交给你，让你一个人承担两个人的工作量时，普通人往往会做出以下两种反应：要么选择战斗，怒气冲冲，走进办公室，和领导争论一番；要么选择逃避，不敢出声，只能私下吐槽上司不合理的安排。

但"第3选择"，就是除了战斗和逃避之外的第三种选择。它是一种思维方式，也是一种更好的解决方法。

可以说，拥有"第3选择"，基本上可以解决90%与人有关的问题。

01

在《第3选择》中，史蒂芬·柯维讲了一个故事。有一次，儿子戴维健康课考试考得特别差，这样的成绩显然不能出现在他的档案上。于是史蒂芬·柯维告诉儿子，总有其他办法的，他让儿子找教授谈谈，找出一个得 A 的办法。

教授一开始毫不犹豫地拒绝了，但在戴维的坚持下，教授想了想提出了一个要求："如果你能在 55 秒内跑完 400 米，我就给你个 A⁻。"

结果戴维轻轻松松跑到了 52 秒，以 A⁻ 的成绩结束了这门课。

毫不夸张地说，我们一生都在与人打交道，而与人打交道最大的特点就是有弹性，一些看似不可逾越的铁律，其实可以通融，一些看似不可更改的标准，也可以变通。

而"第 3 选择"，可以把不可能变成可能，把别人脱口而出的"NO"变为"YES"。

02

美剧《傲骨之战》中，律师事务所合伙人 Diana 需要一名助理，Marissa 作为一枚小透明，没有光鲜亮丽的学历，也没有厉害的工作经验，显然完全不符合 Diana 的要求。所以当她自荐做 Diana 的助理时就被拒绝了。

普通人往往因为玻璃心而黯然退场，但 Marissa 怎么做的呢?

她双手撑在桌面上，眼睛注视着 Diana，语气坚定地说："请允许我给您当一天的助理！相信我，用过之后你就会发现没有人比我更好用了。"

Diana 原本拒绝的表情变成了挑眉，潜台词好像是：好呀，看你能做成什么样。

后来因为 Marissa 在一个案子上提供给 Diana 一些关键信息，所以成功挤掉了其他应聘者，顺利留了下来。

拥有"第 3 选择"的人，总是能得到自己想要的，不是因为他们开了外挂，而是他们一心想着如何达成目标，不会把过多的时间和精力放在毫无帮助的情绪和自尊心上。

03

我的一个同事，有一次和男友在外面吃饭，后来在出租车上和男朋友吵了架。结果下车才发现，装有公司重要资料的袋子落在了出租车上。

她当时埋怨着男朋友，但是她的男朋友却慢条斯理地说别急，再找找。然而，出租车司机是路边打到的，没人记得车牌号。

于是他们根据附近的监控查到了出租车的车牌号，再打电话给出租车公司，跟客服说明了情况，在客服联系出租车司机之后，得到的回复是车后座上没有装着资料的袋子。

我想，面临这种情况，大多数人可能早已自认倒霉放弃了。但他们依然坚持寻找解决办法，要求客服给他们司机的联系方式。出于公司规定，客服拒绝了他们的请求。

从发现口袋没了到打电话给客服，期间也不过十几分钟的时间。所以他们推测，很有可能是在他们之后上车的乘客把口袋拿走了。

于是他们又提出让客服把下一位乘客下车的地点告诉他们的要求。

按照公司规定，显然这是不允许的。但客服也耐不住他们的软磨硬泡，说出了一个小区的地址。

偌大一个小区，总不可能挨家挨户地敲门吧？于是他们跟保安讲述了事情经过以后，在保安的帮助下，看了监控，发现有两个人从出租车上下来，手上拎着的袋子正是她的！

根据监控显示，他们最终把目标锁定在了一栋楼。幸运的是，到了第二幢楼，他们就发现了监控中看到的两个人，和他们说清缘由后，顺利地取回了资料。

说她幸运吗？当然，但如果没有锲而不舍地寻求解决办法，"第3选择"也不会出现。

拥有"第3选择"的人，之所以做一事成一事，不是因为总是撞上好运，而是即使身处逆境也能创造好运气。

"第3选择"只会出现在那些愿意相信并坚持寻找答案的人身上。那么如何开启"第3选择"呢？

1. 相信一定会有更优的方案存在

记得前两年我想看一部电影的首映，结果因为票订晚了，没有多余的票，只能等到第二天才能看。

但朋友非要拉着我去家附近的影院，说不定可以买到呢，当时虽然觉得可能性微乎其微，但还是硬着头皮跟了去。

没想到，在影院门口徘徊了十多分钟，眼看着电影就要开始了，突然有一对情侣拿着票问工作人员是否能退票。

结果当然是我们上去接手了这两张票。

可能会有很多人觉得，这不过是运气。但如果当时我和朋友没去电影院，就不会撞上这对情侣，也不会遇到所谓的"运气"。

所以拥有"第3选择"的前提是：相信"第3选择"的存在，然后要锲而不舍地寻找。

2. 让对方参与进来，帮你想办法

当和人打交道的时候，面对"不可能不行"的回答的时候，要记住，站在你对面的人不是敌人，而是你的协同者，想方设法让对方参与进来，帮你一起想办法。

不要问"可不可以"，而是问"怎么样才可以"，很有可能，对方掌握的信息比你知道的要多。

有一次，和朋友约好一起去一家云南菜馆吃午饭，但因为出门晚了，到菜馆已经过了午后两点了。服务员礼貌地跟我说："不好意思，厨师已经休息了，我们两点以后不营业了，下次可以早点儿来"。

没办法，我只能去一家还在营业的菜馆等着，并发微信告诉朋友这个消息。没想到，过了5分钟，他直接打电话跟我说，"快来云南菜馆吃饭，我已经点好菜了"。

我当时很好奇，不是说不营业了吗？

朋友神秘地笑了笑说："我就跟服务员说，我和朋友一年也就见一两次面，我朋友特别喜欢吃你们的菜，大热天的好不容易来到你们这儿，就为了吃一口你们家正宗的米线。要是这次吃不到，真的会很遗憾的，拜托，帮帮忙，看看能不能想想办法，我们点简单的几道菜就可以了。"结果刚刚拒绝我的服务员就走回去和餐馆里的厨师说了几句，然后厨师欣然答应了。

如果对方不知道你的故事，那你和他只是毫无关系的陌生人，你的失落、期望和他毫无关系。但一旦他知道了你的故事，那么你们就不再是毫无关系的人了，他会觉得自己有责任帮你一起寻找解决办法。

3. 引入第三方条件

什么是第三方条件？就是跳脱对方给的框架，引入新的条件。

记得朋友之前在一家创业公司工作，猎头想要挖她去另一家公司，但她考虑到频繁更换工作对职业发展的影响，于是拒绝了猎头的提议。

但没想到，猎头第二天又打电话过来，说那家公司的老板很希望她加入，想要再争取线下见个面，互相再多了解一下，即便成为不了公司的一员，说不定以后也能成为朋友。

既然对方都这么说了，朋友再推辞就不太好了，于是硬着头皮去见面。

没想到和对方交流得更加深入的时候，发现工作内容自己还蛮感兴趣的，本来拿定主意不换工作的决定开始动摇。

在一些人看来，当对方拒绝了自己抛出的橄榄枝的时候，只能另觅人才。但用人方的老板，跳出了要么接受，要么被拒绝的框架，引入了第三方条件：两人线下见见面，聊聊天。

所以打破战斗和逃避的两难选择的秘诀就是，不要按照对方给你的答案走，你可以通过引入新的条件，把选择权交给对方。

职场和生活中与人打交道产生的 90% 的问题，其实是无法通过 Book smart（读书智慧）来解决的。我们常常因为一时冲动做出"战斗"或"逃跑"的"傻瓜式选择"，却忘记了很多时候，我们其实可以自己找出别的答案。

而所谓的 Street smart（市井聪明），就是知道该向什么人说什么话，该在什么时候说，怎样说才能达到最好的效果。这才是"第 3 选择"的意义所在：任何时候，别说没办法。

人和人之间的差距是如何一步步被拉开的？

01

大学时，我所在的团委学生会中有一个女生让我特别欣赏，不管是在院内举办歌唱大赛，还是"一二·九"大合唱，她总是抢着做一些大家都不愿做的事情：给部门拍短视频，为即将到来的女生节策划有意思的活动，给歌手评分表制作公式，使之可以快速输出结果。

记得我问过她："你不觉得累吗？"她回答："不会啊，我觉得很有意思啊。"

久而久之，部长一有事情就会找她，而她每次也会全力以赴。她的能力大家有目共睹，当选"优秀干事"时，大家不约而同都推荐了她。

快毕业时，很多人都在焦虑找工作的事情，她却通过校招找到了一份阿里巴巴的工作。那个时候，我发现，她身上有一种我没有的东西，不过我并不知道那是什么。不知道为什么，我总觉得她以后会发展得很好，而我和她的差距会随着时间的流逝越来越大。

很长一段时间以来，我一直在思考：为什么身边有的人在不断成长，而有的人即便工作了很多年依然毫无长进？

为什么有的运动员退役后穷困潦倒，而有的运动员退役后能够出国读书，开创自己的品牌，再创人生辉煌？

同一家公司，一个做了十年终于做到销售主管的人，和一个仅用了五年的时间就做到大区经理的人，差别究竟在哪里？

同样从事写作的人，为什么有的人写了两年就能够出书，成为畅销书作家，而有的人埋头写了三四年依然只是个小编？

我开始意识到，这种差别并不是偶然发生的，而是一种必然，那些看起来聪明又厉害的人，虽然擅长的领域不同，但他们身上有某种共性，这种共性就是——成长型思维模式。

02

什么是成长型思维？与其说它是一种思维模式，不如说它是一种理念，即相信一个人的能力是可以通过努力来培养的。《终身成长》一书中提到，所谓成长型思维，就是相信不管你的出身如何，天赋怎样，你都可以通过自己的努力来改变和成长。而与之相反的则是固定型思维，即认为自己的命运从一开始就被决定了，不管怎么努力，都不会改变。

刻意练习其实也是建立在成长型思维模式的基础之上。

《异类》的作者格拉德威尔在书中讲述了两个智商超高的天才的故事。一个是在智商测试中得分 195 的兰根，由于家境贫困，他不得不一边工作，一边上课。为了节省来回路费，兰根申请把课程从上午调到下午，但最后因为没能说服教授，他一怒之下选择了退学。几十年后，兰根成了一个生活在密苏里北部的牧马农场里的普通人。

另一个天才是奥本海默，在他读博期间，曾因为博士生导师逼他研究自己不感兴趣的领域而试图毒杀对方，所幸结果是失败了。在接受校方询问的时候，他为自己辩护，最终为自己争取到了缓刑和接受心理治疗的从轻处罚。

而这样一个在校期间毒杀自己导师的人，竟然想要争取"曼哈顿计划"带头人的工作，能够脱颖而出的可能性显然是微乎其微。可没想到的是，他在和莱斯利·格罗夫斯少将的面谈中赢得了对方的青睐，最终成为了"曼哈顿计划"带头人。

后来，奥本海默成了二战期间著名的物理学家。

两个天才之间的区别在于什么？表面上看来是在面对问题时的处理方式不同，但究其根本则在于两个人的思维方式不同。

拥有固定型思维的人，在遇到问题时往往会选择放弃；而拥有成长型思维的人则不同，他们想的是怎么突破，用什么方式才能达到自己的目的。

当兰根的调课申请被拒绝之后，他想到的不是和校方协调，据理力争，而是放弃，从高等教育的体系中退出，放弃自己受教育的机会和权利；奥本海默遇到问题时，则想方设法地达到自己的目的，不管是直接突破，还是"曲线救国"。

《史蒂夫·乔布斯传》中提过，凡是和乔布斯打过交道的人都形容他身上有种"现实扭曲力场"。这种力场表现在，不管一件在客观上多么不可能实现的事情或者任务，只要乔布斯说可以，就真的可以办到。这种将看似不可能的事情变成可能，与其说是因为"现实扭曲力场"，不如说是一种不达目的誓不罢休的成长型思维。

当固定型思维的人说不可能的时候，成长型思维的人正忙着把不可能变成可能。

03

记得上大学的时候因为起晚了，想着反正都迟到了，干脆别去了，虽然知道那堂课交的作业会影响期末的成绩，还是选择倒头又睡，没想到室友一把拉起我，催促我赶紧穿衣洗脸，一路上飞奔到教室，老师当时正在批改作业，我们偷偷从后门猫着腰进去，把作业递了上去，老师也没发现。

如果当时我真的因为起晚了而没去上课，也没交作业，不仅会被老师发现逃课，期末成绩也会受到影响。

成长型思维的人在面对挑战时，往往抱着试一试的心态，即便受到挫折，他们也认为仅仅是暂时的，积极从挫折中吸取教训，直到能够完成挑战。

固定型思维的人害怕挑战，他们害怕自己表现得不如想象得那么优秀，即便是一时的挫折和失败也会让他们产生自我怀疑，认为自己是一个彻头彻尾的失败者。

虽然有些人会认为逃课只是生活中不值一提的小事，但一次次还有经过努力的放弃会让人产生惯性。久而久之，生命中出现的一个个足以改变你人生的节点，都在一次次"算了吧"当中被舍弃。

人生中出现的很多机会都不会恰好落在你手心里，往往需要你"踮起脚够一够"，这样，机会才会以努力的名义被你抓在手上。

成长型思维的人看见机会往往会跳起来够，但固定型思维的人抬头望了望，觉得太高了，连手都懒得伸就放弃了。

04

固定型思维模式更可怕的地方在于，它会像一个失败者诅咒一样时时刻刻跟随着你，即便你天赋异于常人，即便你拥有良好的教育背景。在固定思维的诅咒里，你会发现自己真的在不知不觉中变成了一个失败者。

来看看固定型思维是如何运作以及如何影响一个人的成长和发展的。如果你是一名刚毕业的大学生，这是你的第一份工作，在工作中你遇到了一个机会，但是这是你从来没做过的事，你不确定能否把它完成好，比起你在这个挑战中获得的成长，你更关注可能会出现的问题和差错，你害怕失败会给自己减分，于是你决定不去争取。

所以每当有机会降临在你身边的时候，你都有足够的理由把它拒之门外："我不太擅长这种事情""我从来没做过，可能做不好""我觉得我不太有信心胜任"。

这时，自我实现预言开始发挥作用了——当你觉得自己缺乏某种能力时，你会主动避开需要用到该能力的工作。因为你从未尝试过挑战自己不熟悉的工作，所以你失去了提升自己的机会；因为你错过了一次次提升自己的机会，所以你的工作能力长期停滞不前，而这一事实又让你更加坚信自己这方面的能力不够。

久而久之，你习惯于每天做你再熟悉不过的工作，一旦遇到机会第一个反应不是争取，而是打退堂鼓。长期待在舒适区里使你觉得安全，不知不觉，你在自己的工作岗位上默默做了很多年。

这期间，跟你同一批进来的同事要么跳到更好的平台，要么成为你的直属上司。而你，薪资多年未涨……

从你拒绝一个个机会和挑战起，你就开始受到固定思维的诅咒，在自我实现预言的作用下，人生陷入一种越来越贫瘠、不断塌陷的恶性循环中。

如果在读了这篇文章之后，你觉得自己就是固定型思维，那你可以从"相信自己的思维可以改变"这个信念开始做起。

成长型思维的人就如同一根有弹性的橡皮筋，可以努力拉长自己；而固定型思维的人始终认为自己是一根没有弹性的线，看起来多长就是多长。

你是一根橡皮筋还是一根线，其实完全取决于你的思维方式。

10% 发生在你身上的事，
90% 由你决定

01

先说一个故事：1975 年，雅达利公司创始人诺兰·布什内尔决定开发游戏《乒乓》的单机版本（很多人可能小时候都玩过，玩家将球击向一堵墙，每击中一次，墙上就会减少一块砖），于是他把一个叫乔布斯的年轻人叫进办公室，告诉他如果使用的芯片少于 50 个，那么每少用一个，就会有一笔奖金。

乔布斯邀请了他的好朋友——沃兹尼亚克帮忙，并告诉沃兹尼亚克他们只有 4 天的时间，并且必须使用尽可能少的芯片。

然而一款需要耗费大多数工程师几个月时间的游戏，要在 4 天开发出来几乎是不可能的。

当沃兹尼亚克认为自己肯定完成不了的时候，乔布斯利用自己身上的"现实扭曲力场"，让他相信自己一定可以。

令人惊讶的是，他们真的在 4 天之内完成了任务，而且只用了 45 个芯片。

这个乔布斯就是苹果公司创始人——史蒂夫·乔布斯，后来他身边的很多朋友、同事都形容乔布斯拥有"现实扭曲力场"，因为他总能把一件别人认为做不到的事，让人相信是可能的并且最终做到了。

《史蒂夫·乔布斯传》的开篇有一句话：The people who are crazy enough to think they can change the world are the ones who do.（那些疯狂到以为自己能够改变世界的人，才能真正改变世界。）

如果你表现得好像你能做某件事，那就能起作用。如果你表现出好像自己掌控了一切，别人就会以为你真的掌控了一切。

事实上，很多看似巨大的困难、挑战，并非不可完成，而是从"我做不到"的想法开始变得难以跨越。

02

心理学中有一个"自我应验预言"效应，指的是如果个体对事件的发生有所预期，并且接下来的行为是建立在这些预期上的，那么这件事会比没有预期更可能成真。

自我应验预言包含四个步骤：

1.持有某种期待。（我不太擅长面试。）

2.表现出与期待一致的行为。（面试的时候磕磕巴巴，脑袋一片空白。）

3.期待如实发生。（面试失败。）

4.强化最初期待的结果。（我果然不太擅长面试啊。）

在《课堂中的皮革马利翁》一书中，有这么一个研究，研究者告诉老师班里有 20% 的学生表现出非凡的智力，实际上，这些学生和其他学生别无二致，他们只是被随机挑选出来的。然而，8 个月后，这些拥有"非凡智力"的学生确实比其他的学生在 IQ 测验中得分更高。

因为老师会给这些"聪明"的学生更多的提问、回馈和表扬，让他们认为自己是聪明的、特殊的、被期待的，于是他们会比其他学生在学习上更主动、更积极。

一个人一旦对自我的认知发生改变，他的行为也会随之改变，以此来匹配自己的认知。

03

1967 年，美国心理学家塞利格曼用狗做了一个实验，他把狗关在笼子里，蜂音器一响，狗就会遭受电击。由于笼子是关闭的，狗只能在笼子里四处乱窜，惊恐哀叫。多次试验以后，当蜂音器响起时，狗不再狂奔，只是绝望地趴在地上。后来，实验人员在电击前把笼子打开，狗不仅没有逃出去，还倒地颤抖和呻吟（此时实验人员并没有开启电击），这就是习得性无助。

当我们觉得自己没办法的时候，也许不是真的走投无路了，而是陷入习得性无助，主动放弃了尝试。

罗永浩曾经在纪录片《长谈》中接受采访时提到过，投资人都喜欢投资那些有过两次、三次甚至更多次创业失败经历的人，因为这些人在经历了很多次失败后依然没有放弃，有的甚至刚倒闭，第二天又开始了新的创业。投资人最害怕的是那种经历了挫折之后就说不做了的创业者，即便投资人有很多补救措施，没有钱，投资人可以再投资；没有人，投资人可以介绍有能力的人参与。但是一旦创业者说"我不做了"，就真的什么办法也没有了。

你永远也叫不醒一个装睡的人，正如你永远也救不了一个不想自救的人。

04

经济学上有一个词叫作"沉没成本"，指的是由于过去的决策已经发生了，而不能由现在或将来的任何决策改变的成本。人们在决定是否去做一件事情的时候，不仅是看这件事对自己有没有好处，而且也看过去是不是已经在这件事情上有过投入。我们把这些已经发生的不可收回的支出，如时间、金钱、精力等称为"沉没成本"。

买了一张电影票，结果发现是烂片，想着已经花了钱，于是在电影院差点儿睡着；明明知道对方是个渣男，却觉得自己那么多年的青春白白浪费了可惜，于是难以割舍。

泰戈尔说过："当你为错过太阳而哭泣的时候，你也要再错过群星了。"

我很喜欢 *This is us* 这部美剧。剧中，Jack 的妻子怀了三胞胎，在孩子生下来以后，医生告诉他们没能救活其中一个孩子。医生还告诉 Jack，他和妻子结婚 53 年了，有 5 个孩子，11 个孙子，但是他们失去了第一胎，接生时夭折的。他之所以从事接生工作，也是出于这个原因。过去 50 年他都在接生，数都数不过来，但是每次他都会想起自己的孩子。现在他老了，他想也许正是因为他失去的这个孩子，让他选择了这条路，因此救回了数不胜数的孩子。

他对 Jack 说："我想也许有一天，你会变成像我这样的老人，并向一位年轻人娓娓道来，你是如何将生活带给你的柠檬般的酸楚，酿成柠檬汽水般的甘甜。"

你也许不能阻挡糟糕的事情发生，却可以决定它怎么发生，要不要让它对你产生持续的影响。因为生活中 10% 发生在你身上的事情，90% 可以由你对所发生的事情如何反应而决定。

真正决定命运的，是拥有战略思维

记得朋友跟我讲过一个故事，一次，老板召集公司全体人员开会。

老板抛出一个问题：公司目前最重要的业务是什么？然后让各个部门的负责人来回答。

本以为听到的答案都是整齐划一的，没想到大家各有各的理解和想法。等各部门负责人回答完毕后，老板的脸都黑了。

但他并没有急着说结果，又转头让剩下的人一一回答，现场的答案更是五花八门，不知道的还以为这是道开放题。

当老板公布答案后，你猜答对的人占多少？部门负责人只有不到一半的人答对了。

而下面的人呢？差不多有七成都搞错了公司的重要业务。

因为不清楚公司的重要业务，导致每个人在安排工作优先顺序和时间分配的时候，并没有给公司重要业务提供及时和足够的支持。结果可想而知，公司的业务迟迟得不到推进。

我发现，同样的问题，不仅存在于公司组织中，也存在于不少职场人身上：不了解公司的主要业务和盈利模式，没办法对外介绍清楚公司是做什么的；工作换来换去，只做到跨界，没做到精深，缺乏内在连贯性；从不观察行业动态和整体趋势，等到乌云密布才知道要变天了。

大多数人，只执着于某个点上的努力，却忽略了线和面的全局思考和资源配置。

我想表达的是什么呢？

不讲战略的努力，都是扯淡。具备战略思维的人和不具备战略思维的人，注定是截然不同的命运。

01

前段时间，看到朋友发的一条微博，大致意思是：很多人都说，选择大于努力。这句话不完全对，因为它少了一个前提，那就是：正确的选择大于努力。大多数人的问题，不是不够努力，而是努力的方向错了。

记得之前工作的时候，我有一个很大的困扰。花了两三天写出来的软文，老板看了下就说，写出来的东西不吸引他。这一度让我很气馁。

之所以气馁，倒不是因为老板的否定和质疑，而是因为找不到方向，不知道什么样的内容才能让老板感兴趣。后来有一位内容方面的前辈来公司拜访，老板请他为公司的海报文案、课程软文提一些建议。他看了一会儿，就问了我们两个问题：你的目标用户是谁？他们的痛点是什么？

他的提问，一下子点醒了我。不管是写文案还是写软文，我一直思考的都是怎样写能够更打动老板，却忽略了最根本的问题：我是写给谁看的？

这导致自己花费了大量的时间在不重要的事情上：这个角度老板会不会感兴趣？这个标题老板会不会觉得吸引人？这个措辞老板是不是觉得不够性感？

那一刻我才发现，其实老板喜不喜欢根本不重要，因为目标用户本来就不是他。

《教父》中有一句话：花半秒钟看透本质的人，和花一辈子都看不清的人，注定拥有截然不同的命运。

具备战略思维的人，往往能够一眼洞穿事物的本质，发现事情的关键。

02

具备战略思维和不具备战略思维的人，对机会的敏锐性和洞察力截然不同。

几年前，茑屋书店创始人增田宗昭偶然间看到一张图片，是展现日本人口集聚的历史与未来变化的图表。

图表显示，日本将变成一个 60 岁以上的老年人越来越多的国家。

在普通人来看，这个图表不过是体现了众所周知的事情——日本的老龄化越来越严重，而增田宗昭却从中看到了一个巨大的商机。

为什么这么说？

因为这意味着，60 岁以上的老年顾客群体会越来越多。而在日本，老年人的消费能力其实比年轻人更强。

增田宗昭意识到，如果书店不能吸引 60 岁以上的顾客，那么书店的客流量势必会越来越少，所以增田宗昭决定创办旨在为老年人服务的茑屋书店。

围绕老年人的兴趣和需求，代官山的茑屋书店可以说是细节到脚趾：考虑到老年人对"死亡"的问题更在意，书店专门设置了宗教、哲学以及讲述不同人活法的传记等书籍的专区；考虑到老年人喜欢早起，增田宗昭将书店和咖啡厅的营业时间调整到早上 7 点；为了让老年女性活得更加美丽，店内还开了美容院。

结果可想而知，代官山的茑屋书店成了老年人喜爱的场所，并成了日本旅游观光的一道风景。

拥有战略思维的人，往往能够以小见大，对看似寻常的信息有更深刻的解读，因此也更容易把握住机会。

03

我们经常说一个人"格局大"，那么格局大到底是什么？在我看来，格局就是战略思维。

《中央广播电视总台 2019 主持人大赛》中，选手王嘉宁在看图说话的环节里，抽到一张图片。图片显示：在山顶上有一个跷跷板，跷跷板两端分别是一个拿着枪随时准备扣下扳机的猎人，和张牙舞爪渐渐逼近的棕熊。

围绕这张图片，王嘉宁做出了自己的解说。最后她引申说，这不仅仅是熊和猎人两者遇到的问题，也是人类和动物之间的矛盾，更是人类和大自然的关系。

在王嘉宁解读之后，董卿怎么说的呢？

她进一步阐述道，人与人、人与自然，甚至是万事万物都要讲究平衡。如果打破平衡，造成的结果必将是两败俱伤。

最后，董卿简明扼要地点透主题：枪响之后没有赢家。一句话道出了图片背后的深刻寓意，高下立见。

不具备战略思维的人，看事物往往是平面单一的；拥有战略思维的人，看事物是立体的，能够站在更高的位置来看待全局。

04

拥有战略思维的人，懂得聚焦，把力气集中在真正重要的目标和问题上。

从这点上来看，乔布斯深谙此道。

1997 年，苹果公司濒临破产。原因是 1995 年苹果公司发布的 Windows 95 操作系统，使公司业绩急转直下，陷入了财务困境。不久后，乔布斯回到苹果公司，进行了大刀阔斧的改革，只用了一年就让苹果公司摆脱了困境。

乔布斯做了什么？

他并没有做加法，相反，他只是不断做减法，让公司保留最核心的东西。因为他一个家人的朋友抱怨说，不知道应该买哪一款苹果电脑，也搞不懂不同型号的区别，所以乔布斯后来用 Mac G3 替代了所有的台式机，6 个全国性的经销商裁掉了 5 个，将库存减少了 80%。

正是因为果断的切割和舍弃，乔布斯改善了公司的财务状况，让苹果公司起死回生。

《好战略，坏战略》中，作者理查德·鲁梅尔特提到过，战略的本质就是发现关键问题，设计出一个合理的方案，并集中力量采取行动处理这些关键问题。

很多人的目标之所以无法聚焦，原因就在于他们不知道哪个对自己来说更重要。比起做出艰难的取舍，他们更愿意什么都抓在手里，于是蒙上眼睛，每天忙里忙外，最后发现还在原地踏步。

拥有战略思维的人，懂得向多种行为和利益说"不"，知道有所为，有所不为，会将主要的精力聚焦在最重要的目标上。

那么，如何培养战略思维呢？

1. 往前看：以史为鉴

为什么具备战略思维，需要向前看？因为时代的剧情大同小异，在历史上都可以找到剧本。

曾国藩很喜欢读史，翻读"二十四史"时，他发现只有郭子仪一个人下场不错，"终须设法将权位二字推让少许，减去几成，则晚节可以渐渐收场耳"。也就是说，权和位这两者要推掉一些，减去几成，才能避免兔死狗烹的凄惨结局。

也正因此，在平定太平天国后，曾国藩主动上书，提出要裁撤湘军，自剪羽毛，不仅减轻了朝廷对他的疑虑，也消除了湘军后期的诸多弊端。

2. 往后看：懂得预判

所谓的预判，其实是建立在深刻思考现状和未来的基础上，对未来形势以及应该采取的行动的判断。

很多人都喜欢说"尽人事，听天命"，然而能做到的，大概也只有后面三个字而已。

然而马云，通常会判断三五年之后政府会做的事情，然后立刻开始行动并不断修正，三五年后，当政府开始号召大家一起行动的时候，马云就会选择退出。

养成凡事往后看三步，就能够完胜 90% 的职场人。

3. 往下看：大处着眼

在平定太平天国运动期间，咸丰皇帝的军事原则是：直指根本，再伐枝叶。

咸丰皇帝把战略重心放在南京的原因很简单，因为太平天国就定都南京，他害怕天平军以南京为基地，挥师北上，把他从皇位上赶下去。

所以头痛医头，脚痛医脚。然而曾国藩坚持先剪枝叶，再伐根本。

曾国藩是一个有战略思维的人，懂得从大处着眼，他曾说过："军中阅历有年，益知天下事当于大处着眼。"

因为南京地势险要，城墙坚厚，太平军设防严密，易守难攻，以区区万余兵力想要拿下南京，根本不可能。

而且表面上看，南京是太平军的基地，但实际上，太平天国掌握了长江这条军事运输线，将长江中下游几个重要城市的资源整合在了一起，所以生命力顽强，难以平定。

所以，不管咸丰皇帝怎么威胁下令，曾国藩依然坚持自己的原则，以两湖为根据地，在长江中游积蓄足够的力量后，再从武昌顺流而下，逐个击破九江、安庆，最后再包围金陵。

事实证明，曾国藩的军事原则是对的。

要想拥有战略思维，就必须从自己的一亩三分地中跳出来，着眼于大处，立足于高处，才能对事物有更全面清晰的认知和判断。

4. 往里看：刨根究底

不少人对事物的认知往往停留在表面，要想看透本质，不妨用"5Why"分析法来强迫自己拨开表象，直抵核心。

丰田汽车公司前副社长大野耐一曾举了一个例子来找出机器停机的真正原因。

为什么机器停了？因为机器超载，保险丝烧断了。

为什么机器会超载？因为轴承的润滑不足。

为什么轴承会润滑不足？因为润滑泵失灵了。

为什么润滑泵会失灵？因为它的轮轴耗损了。

为什么润滑泵的轮轴会耗损？因为杂质跑到里面去了。

经过连续五次不停地问"为什么"，就能找到问题的真正原因和解决的方法。

5. 多角度看：开放系统

《大战略》中提到过，一流的智者，能够同时在脑海中保持两种相反的想法，并且保持行动力。

"多角度看"有两层含义，一个是需要拥有多元思维模型，掌握不同学科的基本理论和常识；另一个是保持开放的状态，容纳不同的观点，听取不同的建议，避免独断专行。

这里又要提到曾国藩了，曾国藩的战略思维，其实一部分得益于他的幕僚们。

所谓的幕僚，你可以简单地理解为助手。

普通当官的，幕僚也就十几二十人，而曾国藩的幕僚，据后来的人统计，前前后后总共有四百多人。而且这些人都是不同领域的精英，包括法学家、数学家、天文学家、机械师等。

这保证了在遇到不同领域的问题时，都有相关的专业人士为他提出建议，不夸张地说，这些幕僚是曾国藩"外置的大脑"。

除此以外，曾国藩的斋名为"求阙"，他勤求己过，乐于听取逆耳之言，并且有意安排一些敢于对自己直言不讳的朋友在身边。

所以要想拥有战略思维，你需要学会运用多元思维模型多角度看待事物，并且保持开放的心态，听取不同的立场和观点。

战略上的问题，别试图用战术上的勤奋来解决。人生这道窄门，光靠单点的努力是无法进阶的，知道什么时候卡位，什么时候低位进攻，什么时候抢篮板，比每天盲练更重要。

改变命运的人，都长什么样？

记得小学班里有几个农村出身的女同学，家里面还有一两个弟弟，大多初中就辍学，帮着父母干活了。当我还在读书的时候，她们就抱着孩子当起了妈。

我看着确实可惜。

她们当中，有的其实有机会逃脱命运的桎梏，飞往更广阔的世界，但无一例外，都在重复父母的人生。

我一直在想，那些改变命运的人，到底是做对了什么？他们是变动了命运链条上的哪一环，才能从此改变命运的走向？

深究本质，你会发现，不管是国内还是国外，古代还是现代，改变命运的人都有着相似的面庞。

01

前两天读《曾国藩传》，我发现曾国藩其实是很典型的寒门

从一名农村出身的工厂女工，变成一位谷歌程序员的故事。

孙玲出生在湖南的一个农村家庭，高考失利后，和同学来到深圳的一家电池工厂打工。

那个时候，孙玲每天都要工作 12 个小时，做着简单、机械的劳动，拿到手里的钱不过 800 元。

她能看到的未来，无非是从一个工厂挪到另一个工厂，从一个流水线换到另一个流水线。

孙玲做对了什么呢？

她报名了计算机编程的课程，学费是 3 万元，对于彼时的孙玲来说，简直是天价。

为此她每天拼命打工攒钱，做过 114 客服，在路边发过传单，也做过肯德基服务员，经常工作到半夜。

学完了 3 期编程课程，孙玲完成了学业。通过校招，孙玲在深圳找到了一份程序员的工作，那个时候，她一个月可以拿到 4000 元。

不过孙玲并不满足于此，后来感到自己英语能力不足，又去报英语课。

英语课的学费是 25600 元，即使孙玲不吃、不喝、不租房，也需要把 6 个多月的工资攒起来才够。不过好在课程可以分期付款。孙玲一边学习英语，一边结交外国朋友。在跟外国朋友玩飞盘的过程中，她的口语也得到了锻炼，见识了多元的人生。

久而久之，孙玲有了去更大的世界看看的想法。

后来她申请了美国一所大学的计算机科学硕士项目，这个项目的学费定金就需要 5 万元。孙玲又开始了疯狂攒钱的过程，最后用了 7 个月的时间攒够了学费。

一年后，经过三轮面试，孙玲坐在了谷歌的办公室里，成了一名程序员。从工厂女工到谷歌程序员，孙玲用了整整 10 年的时间。

孙玲曾经问过领导："那么多候选人中，为什么选择我？"

领导的回答，揭晓了答案："你的自学背景非常强。"

10 年的时间里，孙玲其实都在做一件事：投资自己。

这个故事可以说是很励志的，之所以励志是在于它发生的可能性微乎其微。

一个人想要脱离被命运安排的轨道，在没有外力的干预和冲击下，往往需要自身拥有更大的推力。

大部分没有文凭，在流水生产线工作的工人，只能充当廉价劳动力，往往很难找到一份体面的工作。他们的人生没有太多选项，虽然隐隐约约察觉到有什么东西挡住向上的路，但因为缺乏长远的目光和足够的力量，只能原地踏步，无能为力。

他们的局限性在于，周围都是身处同样困境的同龄人，每天嚷嚷着要逃离这样的生活，但糟糕的是，几乎没有一个人能够找到出路。

这大概是为什么我觉得这个时代，孙玲这样的故事发生的可能性低的原因。不是所有人都能像她一样，能够极度压缩当下的享乐，为不可预知的未来赢得喘息的时间。

03

持续的教育很重要，但能拥有惊人的成就，往往离不开"势"。

什么是"势"？

"势"是大势，也是风口，拥有势，则乘风而上；失去势，则顺流而下。所以能成大事者，除自身的努力以外，还需要几分"势"。

小说《了不起的盖茨比》中，从默默无闻的小军官到拥有巨额财产的"新贵"，盖茨比搭上了大势的船。

20世纪20年代的美国，是经济快速发展、城市化快速推进的黄金时代。大量想要逃离烦闷生活的青年男女，在禁酒令的管制之下，爆发了对酒精饮料的强劲需求，与此同时，催生了走私酒精饮料的暴利生意。

一些人从加拿大走私酒精饮料，伪装成药用酒精在药店里销售，大量的需求和巨额的利润也造就了那个时代的暴富神话。

盖茨比的巨额财富就是这么来的。

如果换个年代，譬如美国经济大萧条时期，或者没有禁酒令的年代，也许就不会有盖茨比这样的人。

所以我们经常会看到有些人，瞧着不聪明也不睿智，为人处世非常狭隘、短视，跟所谓的成功人士完全沾不上边。但就是这样的人中，总有人白手起家，身价上亿。

很多人都好奇，这样的人是怎么赚到钱的？

大概率也是因为搭对了顺风车。

譬如我朋友认识的一个老板，非典时期因为做消毒液生意，如今身价过亿，在上海有一套价值4000多万的房子。

所以很多人，见识有了，能力有了，就差那么临门一脚。而这临门一脚的"势"，恰恰最为重要。

04

曾国藩的命运，也同样系在看不见的"势"上。

太平军起义之前，曾国藩官居二品，也算春风得意，但是太平天国运动之后，曾国藩才算真正的名留青史。那时曾国藩的母亲刚去世，曾国藩本来准备赴江西主持乡试的，听闻了这个噩耗之后，即刻奔往湖南老家办理丧事。

当时曾国藩做了十三年的京官，也心生退意，想要息影山林，研究学问。然而太平天国起义在广西金田村爆发，咸丰帝寝食难安，于是下令命曾国藩出山，兴办"团练"。

这次起义，对于曾国藩来说就是势，是时势造英雄的"势"。正如他的好友郭嵩焘说的那样："公素具澄清之抱，今不乘时自效，如君父何？"

什么意思呢？

以前你总抱怨朝廷按部就班、死气沉沉，没办法兴革，你的政治理想没法实现。现在天下大乱，岂不正是你建功立业、施展才华、实现政治理想的大好时机？

曾国藩决定出山团练，因此才有了后来的湘军，才能在太平天国运动中立下大功，在青史上留下更多笔墨。

创业也是一样，努力固然重要，但"势"往往更重要。作为创业者也好，投资人也罢，能不能成事，还要看未来5~10年的趋势，以及这个池塘够不够大。

雷军曾说过："咱们干吗一定要去拼刺刀呢，我们干吗不能找个台风口天天当快乐的猪飞行呢？只要站在风口，稍微长一个小的翅膀，就能飞得更高。"

因为顺势而为，成功相对来说也就容易很多。

每个时代都有彩蛋，但能否都抓住机遇，顺势而为，还取决于两个方面：一个是能够比普通人提前看到"势"；另一个是有足够的速度和能力赶上这趟车。错过其中任何一个条件，都只能干瞪眼。

05

除了继续教育和顺势而为，其实还有一点很容易被很多人忽略，那就是几代人的努力。改变命运这个任务，很多人只看到了个体的飞跃，却忽略了前几代人的铺垫。

《蜗居》中的郭海萍，拼了命顶多只能在上海买套房。谈得上改变命运，但实现了阶层跃迁吗？

其实不算，郭海萍的父母本身也是知识分子，虽然家里过得并不宽裕。只能说，算是从阶层的下游来到了阶层的中游。

郭海萍那么努力地留在这个城市，为的是她的孩子可以接受更好的教育，接触到更多的机会。那么郭海萍的孩子呢？也许在前两代人的努力下，能够实现阶层跃迁，譬如考个名校，出国留学，成为精英。

改变命运，实现阶层跃迁，背后几乎都需要几代人的不懈努力。

06

曾国藩的成就也是建立在两代人的努力之上的。曾国藩的爷爷曾玉屏，年轻时没读过书，成天游手好闲，不务正业。

有一次曾玉屏在酒楼浪荡，听见一个老头告诫自己的孙子：千万别跟这个人学，你看他家里没什么钱，却总跑到城里来装大爷。这个家早晚要败在他手里。

曾玉屏被刺激到了，他下定决心要改头换面、兴家立业。每天天没亮就起床下地干活，奋斗了十多年，才终于让曾家从中农变成了家境殷实的小地主。虽然曾玉屏没受过教育，但是他把长子曾麟书——曾国藩的爸爸送去读书，甚至不惜重金，请当地最有名的老师来授课。

可惜曾麟书愚笨，到了43岁才考上秀才。到了曾国藩这一代，才终于出了一个当大官的，这在当时看来也算是光耀门楣了。

所以阶层跃迁，本质上是几代人的长跑和接力比赛。就好比爬楼梯，有的人天赋高、悟性强，再加上自身勤勉，顺带着有几分运气，一口气就能爬到楼顶。有的人缺那么点儿天赋，或者运气背点儿，爬得就慢一点儿，终其一生，顶多爬了两三层，只能再把接力棒交给下一代继续攀爬。

正如之前说过的，任何一个人，想要脱离被命运安排的轨迹，自身势必要具备更大的推力，才能脱离既定的轨道。

从本质上来说，改变命运的人，需要克服自身阶层的路径依赖和惰性，以超乎常人的远见和意志力，开拓出一条独一无二的道路。

　　这条路人迹罕至，没有路标，但它藏着更有想象力的未来。而这样的人，终归少之又少。大部分人能做到比上一代活得更好，成为下一代不算太低的起点，个人认为就已经算是成功了。

Chapter **Four**

第四章

专业的人做专业的事，才是职场硬道理

能者多劳，是对优秀员工的最大伤害

我有一个做平面设计的朋友，她曾经在一家广告公司上班，因为能力强，又会手绘，所以很多重要客户的做图需求都交给她做。不仅如此，公司里其他设计做的图被客户否了，也要找她来补救，所以她常常一个人埋头加班到深夜。可工资不见涨，身体却每况愈下。

熬了一年多，她因为肠炎住院了，住院期间，领导不仅没有慰问，反而指责她不负责。也是在那一刻，她才下定决心离职。

为什么讲这个故事呢？

我想表达的是，"能者多劳"是职场上最大的毒鸡汤。

01

日剧《无法成为野兽的我们》中，女主角深海晶是在一家

IT 公司工作了几年的助理，在老板的秘书和营业部经理相继离职后，她承担了一大堆明明不属于自己的工作：撰写报告、主持发布会、端茶倒水、跟客户赔礼道歉……哪里有坑去哪里，简直是填坑小能手。

拿着一个人的薪水，却同时做着几个人的活儿。本以为老板会体恤她，没想到老板只是变本加厉地把其他人的活儿甩给她，美其名曰"能者多劳"。

做那么多，没有一句奖励；做错一点儿，就被劈头盖脸地骂一顿。

我发现很多公司都存在这样的现象：能力越强的人，承担越繁重的工作；能力越弱的人，玩得越好，下班越早。

老板不给加薪不给升职，习惯用一句"能者多劳"来打发，结果常常是，"能者多劳"逼走了优秀的员工。

在我看来，跟员工谈"能者多劳"却不谈"能者多得"，无异于变相压榨。能干的员工就像家里的电冰箱，在的时候，公司一切运转正常，你意识不到他有多重要，也不会用心维护；等他走了，你才发现很麻烦，后悔在听到异常噪音的时候，没有早点儿拿去维修。

只有无能的老板，才喜欢"能者多劳"。好的老板，都懂得"能者多得"。

02

《稻盛和夫的人生哲学》一书中讲过一个故事：有一次，京瓷公司一位生产部经理向稻盛和夫诉苦：稻盛先生，公司制定的生产计划总是完成不了，我特来向您表示歉意。

在稻盛和夫的询问下，这位经理道出了原因：员工大多抱怨工作累，工资低，所以他们不愿意付出更多的努力。

虽然经理采取了一定的激励措施，跟员工说只要他们按时完成工作计划，就可以得到现金奖励，然而效果不明显，甚至还出现了生产减产的情况。

稻盛和夫是怎么做的呢？

他第二天召开了员工大会，宣布把此前的固定工资改成计件工资，生产的商品越多，工资也就越多。

没想到几天后，生产部经理兴奋地告诉稻盛和夫，产品产量比此前提高了三倍，员工一个个干劲十足。

"企业管理者要时刻追踪员工内心的真实想法，并根据他们的想法用'利'来调动员工工作的热情，让他们由被动工作转变为主动工作，这样企业在员工的拼命努力下也会快速成长起来。"

这个故事告诉我们，没有无能的员工，只有失败的管理者。"能者多劳"其实是管理者最大的无用功。

每个人在职场中都有自己看重的东西，有的是为了积累经验，有的更看重能力拓展，有的是想和优秀的人才共事，有的则是单纯地想要增加收入，所以管理者应该倾听、觉察员工的需求，并用对应的"鱼饵"，钓出员工的驱动力和积极性。

03

周鸿祎曾发布过一条清理小白兔员工的微博：公司部门领导和人力资源部门要定期清理小白兔员工，否则就会发生死海效应：公司发展到一定阶段，能力强的员工容易离职，因为他们对公司内愚蠢的行为的容忍度不高，他们也容易找到好工作，而能力差的员工倾向于留着不走，他们也不太好找工作，年头久了，他们就变中高层了。这种现象叫"死海效应"，好员工像死海的水一样蒸发掉，然后死海盐度就变得很高，正常生物不容易存活。

能干的员工是容忍度最低的那批人，因为能力强不愁找不到工作，所以一言不合说走就走，而小白兔员工则恰恰相反，因为担心找不到好的下家，所以更倾向于忍受。

久而久之，公司能干的员工走光了，剩下的都是扎堆的小白兔。

那么应该如何留住能力强的员工呢？

1. 解放能力强的员工

我之前工作过的一家公司，升职加薪的机制很有意思，只要你能证明自己可以胜任这份工作，并且总结了一套有效的方法论，就可以获得升职。

然后他们会再招一个员工来接替你的工作，并在你总结的方法论基础上去完善优化，形成自己的一套体系。

留住能力强的员工最好的方式，是让他们从琐碎、繁杂、没有挑战性的工作中解放出来，从而让他们在更感兴趣、更能获得成长的工作内容中获得满足感和成就感。

2. 让能干的员工做挑战性的工作

增田宗昭曾在《茑屋经营哲学》中说过，员工不可能靠死工资工作一辈子，且一辈子若只重复做有限的几件事，也未免过于遗憾了。

增田宗昭认为，销售业绩只是结果，其实质是员工和企业的成长。

在公司不断拓展、开辟新业务的过程中，让只懂直营业务的人不但学习了特许连锁加盟业务，从事了大型商业设施的企划，还与大公司联手打造了新型积分卡体系，在不会英语的情况下，为外国企业提供企划咨询。就这样，公司通过挑战不擅长的业务，员工通过挑战不擅长的事情，都获得了不断的成长。

让能干的员工去做更具挑战的事情，而不是把各种烦琐的小事扔给他，是对能干员工最好的尊重。

3. 好的老板，都懂得为员工花钱

海底捞创始人张勇曾说过："我就是要拿出一部分利润，分给两拨人，一拨人是顾客，另一拨人就是我的员工。只有钱到位了，员工才愿意死心塌地的跟着你。"

无能的老板，只画大饼却从不分钱；好的老板，都舍得为员工花钱。

4. 对优秀人才最大的奖励，就是别让他和傻瓜一起工作

我有个朋友，前段时间，公司招进一个"90后"写手，之前在某头部公众号工作，所以来公司的时候很傲气，谁的话都不听。

结果和我朋友开了一次会，就彻底被她的能力和个人魅力征服了，还跑到老板面前说，在这个公司谁都不服，就服她。

"90后"谁都不服，就服比他牛、比他厉害的人。

我前老板曾说过一句话："对优秀的人才最大的奖励，就是别让他和傻瓜一起工作。"

留住能干的员工的方法莫过于此，应让他每天和厉害的人打交道，实现收入、能力同步增长。

关于人才这件事，管理者千万别抱着性价比高、占便宜的心态。人才的价格和创造的价值往往是成正比的，一个优秀的员工，足以抵过 50 个平庸的员工。

不管什么行业，能干的员工都是一个公司的核心竞争力。千万别简单粗暴地以为付了工资就等于一切，要想留住能干的员工，管理者除了砸钱还需要用心。

用挑战性的工作内容、成长机会、匹配的薪资、优秀的同事作为"鱼饵"，员工才会"上钩"，为公司创造更大的价值。

工作庸人都是点到为止，只有高手才会得寸进尺

前两天，我有一份文件要寄出，所以电话预约了快递上门取件，快递小哥到了之后，让我把相关信息念给他听，他在一旁打字输入（因为现在不用填单，而是在机器上输入相关信息即可）。

结果输入到一半的时候，我突然想起要更改一下寄件人信息。于是我问快递小哥："能不能更改一下寄件人信息？"

快递小哥没有直接回答，而是用不耐烦的语气反问我："你下单的时候怎么不更改？"

我愣了一下，不明白他说这句话的意思，到底是能改还是不能改。于是我接着问："所以，到底是能改还是不能改？"

他又加重了不耐烦的语气："你下单的时候就该改的呀，现在你突然说要改，我又得把信息重新输一遍。"

我忍住脾气，又问了一句："没有其他更好的方法？譬如直接拍照识别微信上的文字？"

他说："拍照只能拍固定格式的才能识别出来呀。"

我说："那就重新输呗，有什么问题吗？"

他没吭声，动作激烈地把刚刚输过的信息删除，仿佛是要拿手上的机器泄愤似的。

本来只是小事，但他的反应却把我的脾气引爆了，于是我把文件从他手中夺回去，跟他说了一句："不要你寄了。"

正在气头上的我拨打了快递官方网站的电话，直接向客服投诉快递小哥服务态度恶劣，然后让他们重新派一个人来上门取件。

第二位快递小哥上门了，在我把文件交给他的时候，他给了我一个二维码，让我直接扫码自己填写就好，于是我扫码很快填好了寄件人、收件人信息。

在填的时候，他问我："你之前是不是也让我寄过快递？"

我完全没有印象，随便接了一句："有吗？我不记得了。"

他说："你是不是写东西的？一年前你还找我寄过一个玻璃材质的东西。"

我特别吃惊："你记性不会那么好吧？"

他说："我应该还加过你微信的。"

结果他拿着手机把我的微信翻出来，我瞅了一眼，的确是我，他还特意备注了：xx 弄 xx 号 xx 室。

走之前，快递小哥还特意跟我说了一声："以后要寄快递的话，直接微信上跟我讲就好了，不用打官方电话那么麻烦了。"

我不由得想对小哥竖个大拇指。

同样是快递小哥，给我的印象却截然相反。第一个快递小哥，把情绪带到工作中不说，不仅解决不了问题，反而加剧了矛盾，明明有优化的解决方案，譬如说让我自己扫码填写，但他却没有说。

如果他不知道还有更优化的解决方案，只能说明他对自己的工作业务完全不了解；如果他知道也可以让客户扫码填写资料但一时没想到，说明他做事不用心，不动脑；如果他想到了但就是不说，说明他工作态度有问题。结果搞得我不满意，他也被投诉。

而第二个快递小哥，服务态度自不用说，虽然天气热，但是在等待过程中没有一丝不耐烦。

最让我佩服的地方是，他能从我寄的东西中判断我的职业。

后来我才想起来，去年出书的时候，有很多本书要寄给读者，我想他大概是从书上的作者署名和寄件人名字是一样的，推测我就是那本书的作者，进而推断我的工作与写作相关。

另一个让我佩服的地方是，每天他要上门取那么多快递，但他并没有上门取完东西就完事儿，而是加了客户的微信，以客户住的地址作为备注，和客户建立了私人联系，为以后的长期合作做了准备。

后来我一直在想：同样是送快递，为什么第二个快递小哥做得就比第一个好得多？普通员工和优秀员工的区别到底是什么？为什么有的人成功得理所当然，而有的人不管做什么都很难成功呢？

1. 用不用心做事，一眼就能看出来

经常听到一些人在抱怨：自己那么努力工作，但老板都看不到。其实用心做事的人，一眼就能看出来。因为当你强调努力的时候，其实只是在强调过程，老板为什么看不到？因为你的努力并没有体现在结果上。

而用心做事的人，不仅在过程中能做得好，在交付的结果上也能让人满意。

记得某个自媒体号曾讲过一个事情：有一次，他们公司要招一名实习生，有两个看好的候选人，于是给他们布置了一个小作业，让他们校正一篇文章，截止日期是第二天中午。

结果第一个实习生很快就把作业交上来了，他直接把文档里的错别字按照自己的理解更正了，但问题是，别人根本不知道他改了哪几个地方。而另一个实习生提交上来的作业，以修订模式把自己更正的地方标注了，这样不仅能够让别人知道他修改

的内容，而且也将自己的工作结果以"可视化"的方式展示了出来。

结果可想而知，第二个实习生被录取了。

老板们的眼睛都是雪亮的，他们也许不了解你每天的工作内容，但他们可以看到你交付的结果，这些结果，就是你用心做事的证明。

用心做事和不用心做事的区别就在于交付的结果，光是努力但不出活儿，你的努力除了自我感动，没有任何价值。

2. 用心做事的人，没有理由不成功

在北京读大三的时候，曾预约一家理发店做头发，那是一家门店并不大的理发店，两层，老板是个中年男人，待在第二层，一般负责最开始的沟通和最后定型的部分。

做头发的过程中，陆陆续续有客人进来，很多人都是熟客，屋子里不一会儿就挤满了人，很多人还得在沙发上坐着等。

在二楼做最后定型时，我发现镜子周围挂满了老板与很多一线明星的合影，老板一边给我吹着头发，一边介绍说，很多明星的发型都是指定他来做的。

而且他们家做头发有一个特点，就是很多女生其实不太会打理自己的头发，所以经常在店里做完挺满意的，结果回到家之后就变得很凌乱，但是他们家做的头发不需要特别打理，正常洗头

吹头就可以了。

还有一点，他强调说："你烫的这个卷我是有考虑过的，三个月头发长长之后，你可以再来我这里，简单修剪一下就可以变成一个半卷了，到时候效果应该也挺好的。"

做完头发之后，他用手机给我拍了照，让我加了他的微信，说以后方便预约。

当时只是觉得他们家做的头发确实还挺好看的，虽然价格不便宜，但是挺值的，后来偶尔也会在微信上看到他发的朋友圈，通常是一些顾客在他店里做头发的前后对比照。

直到大四实习的时候，再次去他们家剪头发，没想到上了二楼和老板沟通想要的发型时，他竟然说了一句："说不出哪里变了，不过感觉你比去年更好看了。"

说着他拿出手机，竟然翻到了当时给我拍的照片。

那时候我很惊讶，没想到他还记得我，毕竟我也不是常客。

现在想想，人家能开几家分店而且家家生意都很火爆，不是没有道理的。

第一，他在墙上挂着和明星的合影，就是在塑造自己在客户心中的专业性；第二，他给我拍照，一方面可以作为自己的作品展示在朋友圈中，另一方面便于客户管理；第三，他戳中了大多数女生的痛点，就是不会打理自己的头发，因此一旦他解决了客户的痛点，就比其他理发店成功了；第四，他善于经营自己的朋友圈，每天通过发自己的作品以及和明星的合影给自家理发店植入软广，不仅增加了理发店的曝光度，而且通过刷存在感和一些优惠活动，潜移默化地让朋友圈的客户只要一想剪头发就想到他家，增加了用户黏性。

工作中也是一样，那个刚入职不久就被老板大肆表扬的员工，不一定只会拍马屁，也是因为每一件工作他都能比老板更提前想到，而且考虑得更加周到。

那么，怎么才算是用心做事呢？

1. 解决本质问题，而不是解决表面问题

上班的时候，从地铁站出来之后要乘坐一个电梯，有的时候，最上层的那段电梯会坏掉，总能看见维修工人在那里辛苦地工作。修好后，电梯就能正常运行一段时间。后来我观察到，似乎每隔 2 周左右，电梯就需要维修一次。

我虽然不懂电梯维修的技术，但总好奇：为什么电梯会定期出问题？

维修人员工作的时候是否只是暂时解决了运行的表面问题，但其实还存在深层次的问题？

他们以为只要让电梯正常运行，就能应付过去了，宁愿每次花两个小时让电梯暂时恢复运行，然后每个月多次维修，也不愿意花一两天的时间从根本上把电梯的故障给一劳永逸地解决掉。

工作中，很多人其实也和这些电梯维修人员一样，用勤奋来解决每天出现的紧急却不重要的任务，在潜意识里逃避那些重要却不紧急的问题。

即便他们知道只要花时间去梳理、调整，就能极大地提高工作效率，但这些问题就像是一团缠绕的毛线，只要看到就觉得很麻烦。于是选择一天天地任由它拖延下去，以为只要不想看就不存在了一样。

为什么呢？因为怕麻烦。

殊不知，工作中，怕麻烦不是通往便捷的道路，不怕麻烦才是。

有时候，工作中的麻烦事儿就像是搅成一团的毛线球，你需要观察这团毛线球，然后找到最关键的那个结点，一扯，所有的问题自然会迎刃而解。

2. 每天比前一天更"得寸进尺"

同样是工作，有的人做一遍和做一百遍没有任何差别，而有的人，每做一遍就能比上一遍更精进，关键在于你是否刻意在日常重复的工作中加入创造性。

比如扫地，昨天你是从大厅的左边扫到右边，那么有的人第二天还是会继续重复昨天的动作。

但你也可以考虑从四周向中间扫，或者如果发现用扫帚扫不干净，那用拖把试试怎样？如果用拖把效果也不好，那么向上司建议，花钱买台吸尘器如何？

即便是扫地这种看起来简单的事情，只要用心做，日复一日地钻研，也可以成为扫地专家。日积月累，你打扫得又快又干净，也许某一天被大楼的管理人员看到，把整幢大楼的清扫工作都委托给你负责，甚至到后来，你可以成立自己的清洁公司。

所以，稻盛和夫说："无论多么渺小的工作，都积极去做，抱着问题意识，对现状动脑筋进行改良，能这么做的人和缺乏这种精神的人，假以时日，两者之间会产生惊人的差距。"

即便是工作中做了千百遍的工作，也要尝试着问问自己：有没有办法优化？有没有更好的解决办法？

自媒体作者 Spenser 曾说过，在发一篇文章之前，往往会问自己以下几个问题：这个标题吸引人吗？这篇文章对于读者来说有哪些痛点，他们真正感兴趣的是什么？这个认知对于大家来说高级吗？这样的排版是不是利于阅读呢？转发这篇文章的人心里是怎样想的呢？

如今做自媒体的人很多，但真正能够靠自媒体吃饭，甚至把它变成自己事业的人却并不多。为什么？

开公众号、写文章、拥有几百的阅读量是一件门槛很低的事情，但真正能写出"10w+"文章，让公众号盈利，并且超过工资所带来的收入则是一件非常难的事情。

职场如戏场，你得学会抢

工作中，可能我们每天都有无数次对老板感到失望的时刻。

特别是在自己努力完成了一个又一个项目，老板却视而不见的时候；看到那个没自己有能力的同事竟然比自己更深得老板喜欢的时候；觉得老板是明白人，不会被花言巧语糊弄，结果发现老板挺受用的时候；最气的是，自己明明是块近在咫尺、沉甸甸的大金子，老板却看不到……

如果工作是谈恋爱，我们一定经历了一万次心碎的瞬间。

可是，这真的是老板的问题吗？会不会是我们高估了老板！

你以为老板有千里眼，你的一举一动都被老板看在眼里，实际上，老板每天那么忙，根本没工夫注意到你。

你以为老板会读心术，你不说话，他就能懂你，实际上，你的老板可能根本搞不清你在想什么。

老板并没有我们想的那么神，他也是个普通人。

《喜剧之王》中，周星驰饰演的尹天仇是一个对表演有追求的龙套。后来尹天仇在片场的时候被大明星娟姐赏识，得以被娟姐推荐为她新戏的男主角。

跑龙套的那么多，各个心怀梦想，身怀绝技，凭什么尹天仇就能遇到贵人，被贵人赏识呢？原因很简单，因为他会给自己"加戏"。

娟姐之所以赏识尹天仇，是因为有一次拍戏，导演让他演一个躺在地上的死尸，结果拍到一半，娟姐被蟑螂吓得尖叫，剧组所有的人以为蟑螂爬到尹天仇身上了，于是都抄起家伙往尹天仇身上砸。

但整个过程，尹天仇面无表情，一动不动，直到导演喊"咔"之后他才爬起来。

娟姐问他："怎么你都不出声？你不痛吗？"

尹天仇说："痛，怎么可能不痛？导演没喊'咔'，我就不能动。"

也正是这个举动，才让娟姐对这个跑龙套的刮目相看，甚至有意介绍资源给他。

戏场中，不想成为主角的跑龙套不是好的跑龙套；职场中，不想成为"C位"的员工也不会是好员工……不然，你就永远是个"跑龙套的"。

有的时候，职场如戏场，即便你是个跑龙套的，也得学会在有限的戏份里给自己"加戏"。

那么到底如何给自己加戏呢？

1. 阶段性反馈，让老板安心

你知道老板最害怕哪种员工吗？就是那种一声不吭只做事的员工，这种员工最让老板没有安全感。

老板对他每天做的工作一无所知：事情交代给他接收到了吗？进度条走到哪里了呢？任务完成得到底怎么样，有没有复盘一下？

当老板在工作群里问问题，却没人回答的时候，内心愤怒的火苗瞬间升起；每次布置完任务却没有得到任何反馈的时候，心里真是五味杂陈；本以为做了老板能少做一些琐碎的事，没想到当起了监工，比之前更累……

而会给自己"加戏"的员工其实是在帮助老板节省时间成本，不用等老板去询问，就主动跟老板反馈项目进行得怎么样了，遇到了什么困难，需要什么样的帮助，反而能够让老板放心。

职场上，太过矜持不是美德，让老板安心也是一种职业素养。

2. 恰当展示，抢夺老板注意力

《杜拉拉升职记》中，杜拉拉刚来公司的时候只是个行政部的小透明，直到有一次，整个公司需要重新装修，而本应负责的玫瑰因为不满晋升的事称病请假，留下了一堆烂摊子。

当老板问谁来接替玫瑰负责装修的时候，各个部门的人都在推诿，谁都不愿意给自己找麻烦。只有杜拉拉跳出来，说她能够解决。

没想到一个人累死累活地终于完成了公司的装修，却被请完病假回来的玫瑰抢了功劳。

为什么？因为她的努力和成果没有在老板面前展示出来。

老板的注意力是稀缺资源，每天都要操心投资人、公司运营、管理等事情，分配到每个人身上的时间和精力或许不到1%。

公司里那么多员工，你凭什么让老板注意你？

后来杜拉拉在自己的电脑上记下了这次教训：如何让老板重视你？不仅要做好，而且要展示好。

你不努力，你很悲惨。你很努力，但不会适当展示，你一样很悲惨。因为老板的注意力不是等来的，而是抢来的。

埋头努力固然重要，但阶段性反馈、恰当地把努力的成果展示出来更重要。

3.学会补位，成为被老板需要的人

《延禧攻略》中，明玉、尔晴都想不通，自己陪在皇后娘娘身边十多年，应该是皇后娘娘最亲近的人，为什么却不及一个刚刚来的魏璎珞得宠？

　　事实上，皇后的宠爱并不是无缘无故的。从一个细节就可以看出来，皇后对花园里的花非常重视，所以宫女们每天都得悉心照料，但有一天晚上下了大雨，在明玉忙着推责的时候，魏璎珞早就淋着雨到院里把花花草草盖住了。

　　每次在皇后遇到问题、被人陷害的时候，魏璎珞总是第一个站出来想办法灭火。所以一遇到问题，皇后就会习惯性地问魏璎珞的看法，重要的事情也交给魏璎珞去做。

　　老板是弱势群体，对上要找投资人，和合作伙伴维护关系；对下还要交代任务，盯着进度。而你的价值就是帮助上司解决难题，节省他的时间。

　　及时补位的员工就像消防员，哪里有困难就去哪里。在上司遇到麻烦时，在团队其他岗位出现空缺时，应主动站出来，解决老板和团队遇到的麻烦。

　　锦上添花固然好，但雪中送炭更难得。普通员工需要老板，而及时补位的员工则被老板需要。

　　如果一遇到问题，老板首先想到的是你，那恭喜你，你已经成功和老板进入更高级的关系——互相依赖。对于老板来说，你不再是一个随时可以被取代的人，而是一个必不可少的人。

4.比老板多想一步，让老板惊喜

　　相信很多人没有听过乔尼·艾夫这个名字，但如果我说他是苹果公司的前首席设计师，可能你就会知道了。

乔布斯以对员工极度苛刻闻名，苹果公司不乏很多优秀的员工，但他们在乔布斯眼里可能都是"蠢货"。

只有乔尼·艾夫被乔布斯称为公司里的"精神伴侣"，甚至连乔布斯的妻子也说："乔布斯生活中的大部分人都是可以替代的，但乔尼是难以替代的。"

乔尼·艾夫有什么本事能够让"挑剔狂"乔布斯给予如此高的评价呢？

因为他比乔布斯更懂设计，从设计理念到具体的细节，乔尼在极简主义这条路上甚至比乔布斯走得更远，他的"偏执"比起乔布斯有过之而无不及。

比如，他坚定地推翻 iOS 的拟物化设计，为此不惜与主管 iOS 的高级副总裁斯科特·福斯特尔闹翻，甚至将斯科特扫地出门。他坚持一定要在 iOS 7 中将所有图标压扁，去掉一切令人产生"复杂感"和"笨重感"的多余的实物效果。

可以说，苹果公司在进入 21 世纪后的最重要的几款产品的风格和设计理念都是由乔尼定义的。

在你工作的领地，你要不停地深耕，当做到比老板更专业，想得更多、更周全的时候，才能够带给老板惊喜。只有你在专业上无人可以匹敌，才有资格在职场上被打上高光。

最后总结一下，如何成为一个会"抢戏"的员工：首先你得明白，老板不是神，你的伴侣都不一定能秒懂你，老板就更不用说了；其次，职场如戏场，一时跑龙套不要紧，但你至少要有做主角的野心和意识；最后，牢记老板的注意力是稀缺资源，他的关注不是等来的，而是抢来的。

懂得赚钱的底层逻辑，比赚多少更重要

前两天看到一个大号，公开跟读者道歉。什么原因呢？

就是接了一个广告，为了让大家不是纯粹只看广告，所以前面加了一些内容。用专业术语来说，就是软文。

我看了下广告，没毛病啊，为什么要道歉？

巧的是，前一阵儿我发软文的时候，也有读者跟我说：不要接这些广告啊！我看了有点儿生气。为什么呢？

我做公众号 5 年了，前 4 年没从这个公众号赚到一分钱。支撑我坚持写下来的，纯粹是对文字的热爱。

大家都知道，我这个公众号是原创号，从来不转载别人的文章。为了一篇文章，我可能会同时看好几本书，熬夜写到凌晨一两点。忙的时候，午饭也略过，一坐就是好几个小时。写出一篇满意的文章，就跟能填饱肚子一样。

有人可能会说，那你就靠热爱来写作啊，别想着接广告赚钱。为此，我特意发了个朋友圈，大致意思是：只有创作者能够赚到钱，才能持续输出更优质的内容，读者才能在公众号上免费读到那么多有趣的、深刻的、产生共鸣的文章。爱好和赚钱并不冲突，凭自己的爱好赚钱也不可耻，没必要因为自己赚到钱而道歉。

为什么要讲这个事情呢？因为很多人看到别人赚钱了，心里就泛酸，觉得对方动机不单纯，全身上下都是铜臭味。

但我想表达的观点恰恰相反，那就是：看到别人赚钱了，你应该由衷地感到高兴才对。

01

2020 年疫情期间我看到一篇文章，顺丰小哥汪勇从快递员连升三级，甚至被央视报道，《人民日报》更是称呼他为"生命摆渡人"。

这位快递小哥做了什么呢？

朋友圈里有一名医院的护士在线求救：明早 6 点下班，然而没公交没地铁，也叫不到网约车。

前线奋战的医护人员出行遇到了问题，怎么办？

汪勇站出来，当起了司机，一天送 30 个人，回到家脚都是抖的。然而，一个人毕竟能力有限，他又招募了20多个志愿者，还联系了摩拜、青桔单车。滴滴也被他感动了，将司机接单范围扩大到了15公里，缓解了医生和护士的燃眉之急。

不仅如此，汪勇还联系了企业、街道办事处等多方企业和单位，解决了医护人员的吃饭问题。

张文宏说过一句话：不能欺负老实人。我觉得不仅不能欺负老实人，而且要狠狠奖励那些帮别人解决问题的人。尽管他们这么做不是为了赚钱，但是一定要嘉奖他们。

为什么有的时候英雄会缺席？因为大家知道，英雄往往付出得比别人多。只有当英雄能够得到好处，人人才不怕麻烦，挺身而出，让整个社会形成一种正向循环。

02

自媒体作家小椰子讲过一个故事：有一次，朋友跟她说，去姐姐家吃饭，看到月嫂也在，于是留月嫂一起吃。没想到月嫂摇了摇头，说自己就住在隔壁的小区，很近的。

而隔壁的高档小区，房子600万一套。

她的朋友心理有点儿不平衡，自己一个月辛辛苦苦去公司上班，也不过拿8000元的收入，而这位金牌月嫂呢，一个月却有

2 万多元的收入。

而这位金牌月嫂之所以能拿那么高的收入，自然有她的过人之处。除了专业技能没话说，她还会特意记录宝宝的身体状况和宝妈的喜好。

要知道，能将宝宝和产妇照顾得无微不至的金牌月嫂，在北上广深都是抢手货，即便高价也未必能请来。

所以，别去嫉妒比你会赚钱的高收入服务人员。只有从业者能赚到足够多的钱，他们才会不断升级自己的专业技能，改善服务态度，我们才能得到高质量的服务。

03

樊登曾分享过自己创建樊登读书 App 的初衷。

他经常跟身边的人聊天，想看看他们是怎么读书的。于是他发现一个现象，那就是很多人几乎不读书，即便是一些高级知识分子，也是如此。甚至，樊登听说有一个北京的房地产商特别有钱，为了学习新东西，他雇了两个大学老师，每月给每个人支付 3 万块工资，让他们读书并提取干货，然后在他跑步的时候为他讲解书中的要点。

在听说这件事之后，樊登意识到了这门生意的巨大前景，所以在设计樊登读书的应用场景时，樊登将重心聚焦于用户每天早上洗漱或洗澡时、上班路上、回家途中、做家务和睡觉前。樊登读书成功解决了人们没有时间读书的困扰，所以樊登能赚到钱。

看到别人赚钱，普通人会嫉妒，把别人的成功归功于运气，而聪明人懂得研究赚钱背后的底层逻辑。

优衣库创始人柳井正曾说："这个世界上所有伟大的公司，都是因为解决了一个巨大的矛盾才有所成就。"

一个赚钱的公司或产品，一定是因为它解决了别人的某个问题，满足了别人的某种需求。

谷歌，解决了互联网用户长期存在的搜索难题；淘宝，满足了用户足不出户在线购物的需求；钉钉，解决了人们线上办公协作、沟通的难题；饿了么，解决了人们不想出门买菜做饭的问题……

所以别花时间去嫉妒，而应该花时间去思考：为什么他就赚到了这个钱？

当别人赚了小钱，你要去思考，他解决了谁的问题；当别人赚了大钱，你应该琢磨，他解决了社会的什么痛点。别人能赚到钱绝不仅仅是偶然，如果想通了背后的底层逻辑，你也一样有机会暴富。

1993年，浙江的民营公司突破150万，杭州有不少外贸出口要到上海办理出关手续。因为报关单必须次日送达，然而当时 EMS 足足需要三天，很多外贸公司没办法，只能派专人送。

聂腾飞和詹际盛从中发现商机，他们算了一下，杭州往返上海的火车票是 30 元，而送一单就可以赚 70 元，如果收的越多，赚的也就越多。于是他们成立了一家代人出差的公司，取名"盛彤"，这便是申通快递的前身。

这个故事告诉我们，赚钱只是副产品，明白赚钱的逻辑比赚多少钱更重要。那些一心想赚大钱的人，往往赚不到什么钱。

只要注意到别人的需求，为对方创造价值，钱自然而然会向你靠拢。

你值多少钱，自己说了算

前两天，跟一个自媒体人聊天，她是新闻专业出身，后来成了一名记者。之后她注册了一个公众号，工作之余，就在公众号上更新内容。没过多久，她的公众号就聚集了一批忠实的读者，陆陆续续有商务找上门来谈合作。

后来她发现，自己的公众号接一条广告就能拿到 7000 ~ 8000 多元，而自己的本职工作呢，辛辛苦苦做了一个月，也只有 6000 元。那一刻，她就意识到，自己的时间被贱卖了，其实她可以值更多钱。

所以她下定决心辞职，开始成为自由职业者，全职做公众号。经过了 2 年的坚持和努力，如今，她每个月的收入能够达到 20 ~ 60k，这些收入分别来自广告、社群和约稿。而这个数字，是她之前工资的 3 ~ 10 倍。

我们现在的工资，和高升的房价比起来，只是杯水车薪。

如果想在大城市买一套房，就不得不掏空父母多年的积蓄，而自己，也不得不踏上努力工作还房贷的道路。等到房贷还得差不多了，以为可以享福了，又得为孩子操心买房的事情。

但在听完了她的故事后，我才意识到一件事，那就是：千万别让老板耽误了你赚钱！

01

老读者应该都记得，我曾经讲过一个故事，几年前，我和一个大号的创始人见过一面，听了一些他做公众号的历程。

他的公众号一开始是兼职运营的。白天，他就在公司上班，晚上回到家，已经八九点了，但他并没有把这些时间用来追剧、打游戏，而是用来找适合转载的文章、申请授权、排版推送。每天推送完文章以后，就已经凌晨一二点了。虽然很疲倦，但他的号依然坚持日更，从无间断。

那个时候，公众号正处在红利期，只要你的公众号内容好，更新快，就很容易涨粉。当公众号粉丝数量突破 6 位数的时候，他做了一个决定，辞职创业。

如今，他的公众号成为 TOP 500 的大号之一，拥有 350 万粉丝，除此以外，他还建立了公众号矩阵。

他跟我说了一个观念：如果你上班的 8 个小时敷衍了事，那么你的时间就只值那么点儿钱。

每个人的青春就那么点儿时间，你应该用来修炼自己，而不是想着怎么应付过去。如果老板每个月只需花几千块钱，就能买到你一个月的青春，那你的青春也太廉价了吧。

年轻的时候，一个人的时间才是最宝贵的资产，老板眼中"廉价的劳动力"，绝不是你的终点。

你努力工作，不是为了对得起老板几千块的薪水，而是为了对得起自己。所以别让你的死工资限制了你的想象力，你的未来可以更值钱。

02

《高级零工》一书的作者村上敦伺，是一名自由职业者。在辞职之前，他曾在埃森哲做了 6 年的企业咨询。成为自由职业者之后，他开启了"6 个月工作，6 个月旅行"的生活模式。

有人可能会好奇，这样赚得到钱吗？

当然，甚至比工作时还要赚得多。虽然工作的时间变短了，但是赚到的钱却比以往多了，他的时薪是上班时的 3 倍。

原因很简单，甲方付了很多钱给咨询公司，但公司会从中抽取大部分利润，剩下的才是员工的收入。但当你成了自由职业者之后，甲方直接和你签订合同，没有了中间商赚差价，你拿到的自然比以前多。

所以每次村上敦伺在咨询业看到一些很优秀的咨询师时，都替他们感到遗憾：这个人的配置明明就可以自己创业，为什么他还要做公司职员，继续被公司压榨呢？

从某种程度上来讲，老板才是一个人的天花板。他们用稳定的收入、不长不短的带薪假给你筑了一个铁笼。在这个笼子里，你感到安全而舒适，没有外敌的偷袭，每天还有人给你喂食。然而作为代价，你必须待在这个笼子里，无法舒展翅膀，也无法在天空翱翔。

而自由职业者呢，就像笼子外面的鸟儿。虽然终日要忙于捕捉食物，躲避天敌，但他们想飞多高就飞多高，想在哪里停留就在哪里停留。那么这个笼子是不是可以打破呢？

其实是可以的，只是有的人习惯了这种稳定和安全，放弃了努力和成长。

这让我想起《肖申克的救赎》中的一句话：这些墙很有趣。刚入狱的时候，你痛恨周围的高墙；慢慢地，你习惯了生活在其中；最终你会发现自己不得不依靠它而生存。

但是这些墙也好，笼子也好，真的安全吗？我看未必。

退潮之后，才知道谁在裸泳。大环境好的时候，你在公司里不做事也能混口饭吃，但当大环境不好的时候，这种人最有可能是第一批被裁掉的对象。因为没有突出的职业技能，所以很难找到下家，被迫提前遭遇职场中年危机。

所以千万别让老板耽误你赚钱，你值多少钱，不是老板说了算，而是自己说了算。

03

前段时间，看到一个"90后"姑娘在朋友圈里说，自己在北京全款买了一套房。

很多的第一反应是：不是靠父母就是靠男人。

不鸡汤不煽情，她能在20多岁全款买房，真的全靠自己。因为她是一个大号的创始人，一条广告的价格，可能就是普通上班族一年的收入。

朋友圈里，她经常分享出去旅行的美照，家里还养了一只萌化了的猫和一只高颜值的狗，绝对的人生赢家无疑了。

试想一下，如果她只是一个普通的上班族，可能需要花10年甚至20年的时间，才能攒齐首付款，在北京贷款买一套房。

如今，她每天起床努力码字的动力，就是甲方的一句"你确定了，我就现在给你打钱"。没有老板的大饼，也没有用心熬制的鸡汤，比男朋友给你"买买买"更让人心动的，就是甲方的转账记录。

她在 20 多岁的年纪，活成了所有人想要成为的样子。出国旅行，养猫养狗，花一个上午烹饪食物，然后一粒米饭都不浪费地全部吃掉。对比之下，我们的人生似乎太过贫瘠，"996"换来的是人生冒险地图上的大片空白。

我们真的有理由去好好思考，其实人生的可能性，不只是"996"和还房贷，你的人生应该由自己定义。

那么想要成为自由职业者，需要准备什么呢？

1. 充足的资金

我一个开书店的朋友，投入了数十万在房租、装修、进货上，刚开始营业的时候，书店的营业额并不乐观，而且每个月她还有房贷要还。但因为她和老公在辞职之前，攒了足够多的钱，所以心态还是比较好的，熬过了半年以后，书店就开始盈利了。

成为自由职业者，并不是一辞职就立马有合作找上门来。你需要做好未来半年到一年内，可能都没有稳定收入的心理准备。

为了保证心态不崩，你需要准备至少够自己生活一年的费用。

2. 专业的技能

很多人对自由职业有个误区，就是他们是靠自己的爱好赚钱的。但其实，真正能够赚钱的是一个人擅长的，而并非他喜欢的。

村上敦伺用了 10 年时间验证了这一观点。他一直热衷于足球和旅游，10 年来，他利用工作中赚到的钱，去世界各地旅行、观看足球比赛。他通过发布情报赚取稿费和媒体出场费，但是得到的报酬并不足以支撑日常开支。

村上敦伺列举了四种自由职业者的赚钱方法。

第一种：创业建立组织架构。通过别人的钱赚钱，譬如开饭店、做电商，然而这种创业方法难度很高，风险也高。

第二种：成为创作者，通过作品赚钱，譬如作家、艺术家。这种方法难度也不小，因为你必须拥有足够的才能和天赋成为金字塔顶端 5% 的人，才能赚到足够多的钱。

第三种：不劳动即可获得收入，即通过资本赚钱。例如成为投资人，然而前提是你得拥有一大笔钱，难度自然不必说。

第四种：在上班族的"延长线"上创业，即通过自己赚钱。例如通过在工作中学到的咨询和分析技能来谋生，这种方式难度与其他三种相比较低。

所以对于普通人来说，最可行的方式，就是第四种方式，即在工作的"延长线"上创业。

这对于上班族来说，其实是一个好消息，因为你可以利用工作时间，精进自己的技能，成为某一领域的专家。

3. 自律

文章开头提到的那位自媒体作者，通常每天早上五六点起床，然后开始一天的工作。

她不仅要更新自己的小号、大号，还要提供社群的内容，以及正在合作的课程内容，所以每天都要写几千到一万字。她每天会在清单上写 5 个任务，并利用番茄工作法管理自己的时间，这样就能保证高效地完成手上的工作。

自由职业者并不意味着拥有无限的自由，而是更加自律。你需要制订详细的计划，并严格按照计划执行。

如何规划自己的路线呢？

其实，大多数自由职业者，都遵循以下两种路线。

1. 专家路线

专家路线即利用工作时间，精进自己的技能。

要成为某一领域的专家，至少需要 3 ~ 5 年的打磨。例如之前提过的村上敦伺，他在咨询行业沉淀了 6 年，才得以成为自由职业者。

2. 斜杠路线

斜杠路线就是指在本职工作以外，利用闲暇时间，投资自己的爱好。

例如《流浪地球》的作者刘慈欣，在成名之前，他是一名电力工程师，因为在体制内工作，所以常常利用工作闲暇和下班时间进行写作。

很多自媒体作者，走的是第二种路线，他们的本职工作，其实并不是做新媒体。

斜杠路线的好处在于，一方面保证自己每个月有稳定的收入，另一方面，工作之外的尝试很有可能带来比本职工作还要高的收入。

当然，我并不是鼓吹每个人都去做自由职业者，只是想指出，每个人都有机会拥有不一样的人生。

在《斜杠青年》一书上看过这样一句话："人这一辈子，最可怕的不是死亡，而是当死亡来临时，你突然发现自己从未用自己想要的方式活过。"

这个社会的节奏太快了，快到让处在旋涡里的我们以为，囫囵吃完一顿饭，加班到晚上 9 点，才是正常的。为了适应他人的节奏，我们不得不按照他人的"鼓点"前进，却很少认真地思考：我到底喜欢什么？我到底想要拥有怎样的人生？

你的人生应该由自己定义，别被他人牵着鼻子走。

为什么能力强的人，往往做不了领导？

知乎上有一个提问：为什么能力强的人，往往做不了领导？

前两天看《三叉戟》也有同样的疑惑。三位临近退休的老警察，因为好友的死而重新组合在一起，加入经侦队后屡破大案。按理说，这样办案经验丰富、能力强的警察，早就升上去了，怎么还留在基层？

直到后来局长对其中一个警察大背头说了一句话，点明了原因："你们办事能力是很强，但是自从你们来了以后，整个队伍乌烟瘴气，同事之间的关系要搞好啊！"

然而大背头并没有听进去，依然我行我素，他还说："我们是来破案的，不是来搞关系的！"

01

为什么能力强的人，在人际关系上往往会吃亏呢？

这就像高中时候特别偏科的人一样，英语经常考满分的，数学或许不及格；物理特别好的，语文也许是死穴。

《三国演义》中，吕布也是如此。论武力，没几人打得过他，勇猛无敌的张飞和骁勇善战的关羽夹攻吕布，打了几十个回合，依然难分胜负，可见吕布的英勇。

然而，吕布这个人偏科偏得厉害，曹操评价吕布"有勇无谋，不足虑也"。

吕布和曹操在濮阳的对战中，谋臣陈宫屡次劝谏吕布，让他不要轻敌，小心有埋伏。

但吕布怎么说的呢？

他不是说"吾怕谁来"，就是回"汝岂知之"。因为自视甚高，不理谋臣的谏言，所以他屡中埋伏。

可以看出，这些能力强的人往往喜欢单打独斗，因为他们太过相信自己的能力，认为凭一己之力就能扭转局面，不需要别人的帮助和建议。然而由于一心专注于目标和办事上，往往忽略了他人的想法，结果得罪人而不自知。

你会发现，现实生活中，很多能力强的人也像吕布一样，业务一流，办事能力没得说，但就是有点儿"刺头"。他们往往过于看重事，而忽略了人。结果事情倒是漂漂亮亮地完成了，但和同事、领导、合作伙伴的关系乱七八糟。

02

同样，很多升上去的人，都有一个特点，那就是情商高，会来事儿。

对上，他们能获得老板的赞同和支持；对下，他们能俘虏下属的忠心和尊重。

特别是对于管理者来说，职位越往上走，看重越软技能，例如沟通能力、领导力、整合资源的能力。

举个例子来说，《三叉戟》中，你认为最厉害的人是谁？

能言善道的大喷子？骁勇善战的大棍子？还是头脑敏捷的大背头？

都不是。

最厉害的人，其实是死去的老夏。虽然老夏什么都不会，但他却是整个队伍的团魂，在队伍中总是充当着黏合剂的作用，还是坚强的后盾。

"三叉戟"有矛盾了，老夏总会当和事佬，让三个人重归于好。"三叉戟"去抓罪犯，老夏就会成为外援，帮他们挡枪，为他们赢得时间。

老夏在的时候，你会觉得他没什么用，但是当老夏去世后，他的重要性便突显出来了。例如，"三叉戟"经常因为擅自行动，常常被组织批评不按规矩办事，甚至被勒令退出行动，还经常冒犯领导，得罪同事。

这就是我说最厉害的人是老夏的原因。

他的存在，其实是"三叉戟"和组织之间的缓冲带，让这三个能干的人才能够拧成一股绳，专心破案。

03

升上去的人，业务能力过硬是基础，更重要的是他们能够调动不同的人去实现同一个目标。

这样的人，我更愿意称他攒局者。攒局者，顾名思义，就是把自带不同"技能"和"属性"的人攒在一起，共同做一件事儿的人。

放在《三国演义》中，刘备就是这样的攒局者，因为他，才有后来的桃园三结义和三顾茅庐。《西游记》里，唐僧也是一个攒局者，因为他，师徒四人才能跨越重重险阻去西天取经。

古往今来，单打独斗的人通常成了炮灰，而得人心者往往能成大事。

这些攒局者，表面上看起来"一无是处"，但实际上，正因为有他们的存在，才能聚集一批英雄豪杰，实现更大的目标。

04

攒局者往往具备如下几个特质。

一是志向高远。

攒局者不一定某方面特别厉害，但是他要有大格局和非凡的见识。他们的梦想不仅仅是赚钱，而是心怀更大的理想。跟着这样的人，大家会觉得这事儿能成。与之相反，一个人即便前期占尽先发优势，能笼络一批能人将士，然而如果自身格局不大，依然难成大事。

袁绍这个人就是这样，虽是四世三公，然而格局太小，不能成事。

从一件事就可以看出。适逢各路诸侯纷纷响应讨伐董卓，袁绍贵为四世三公，所以大家推举袁绍为盟主。后董卓弃洛阳而去，曹操建议袁绍领头带兵乘胜追击。

然而，袁绍和他的盟军都想利用这个机会，在洛阳城里抢夺钱财，谋划私利，哪里还顾得上讨伐董卓。所以袁绍按兵不动，说"诸兵疲困，进恐无益"，结果错过了一战定天下的大好良机。

曹操说"竖子不足与谋"，即这小子不值得共谋大事。后来曹操和刘备煮酒论英雄时，曹操也说袁绍"色厉胆薄，好谋无断，干大事而惜身，见小利而忘命，非英雄也"。

也正因此，袁绍麾下的谋士许攸才会改投曹操，在官渡之战中献计，让曹操烧其粮草，袁绍最终大败。

二是看得穿一个人的欲望。

看穿一个人，就是看穿一个人的欲望。如果你能看穿一个人的欲望，就能调动对方为自己做事。

若逐利，便给予其丰厚的利益；若好面儿，就在人前抬高对方；若重义，便真心实意动之以情。

在洞察人性欲望上，刘备是个中高手。

诸葛孔明，何许人也？

徐庶说他："此人乃绝代奇才……若此人肯相辅佐，何愁天下不定乎！"

司马徽说他："可比兴周八百年之姜子牙，旺汉四百年之张子房也。"

后来刘备去卧龙岗，看到中门上大书一联，写着：淡泊以明志，宁静以致远。

所以虽然没见着诸葛孔明本人，但刘备却对他有了大致了解。

绝代奇才，心气高傲，淡泊名利。

这样不可多得的谋士，如何做才能让对方心甘情愿地辅佐自己呢？

再看接下来刘备见到诸葛孔明第一面时说的话："大丈夫抱经世奇才，岂可空老于林泉之下？"

这句话恰好戳到了诸葛孔明的痛点，天下骏马，都希望能遇一伯乐，普天谋士，无非寄心于择一明主。

谋士怕什么？空有一身才能而毫无用武之地。

接着，刘备说："汉室倾颓，奸臣窃命，备不量力，欲申大义于天下，而智术浅短，迄无所就。惟先生开其愚而拯其厄，实为万幸。"

短短一段话，既表明了自己的高远志向——想要为天下人伸张大义，又放低自己，自谦说"智术浅短"，所以到现在还没有什么成就，同时还引出了诸葛孔明对当前形势的见解。

听完诸葛孔明对天下形势的见解后，刘备心服口服，拜请诸葛孔明出山。

然而，诸葛孔明推辞，说自己"久乐耕锄，懒于应世，不能奉命"。

刘备怎么做的呢？他哭了，说："先生不出，如苍生何！"

刘备知道，诸葛孔明并非追名逐利之人，以利诱之肯定行不通。

从之前刘备观察到的信息，可以基本上判定，诸葛孔明是个心怀天下的有志之士。所以从头到尾，刘备反复强调苍生、天下、大义，绝口不提什么宏图伟业，并且通过三顾茅庐、泪沾袍袖这些举动，表明了足够的诚意。

这就是刘备的厉害之处。

创业也是如此，最难的便是找人，人找对了，事儿就差不多能成了。

一个有能力的人才，抵得过100个平庸的员工。但是如何去拉拢对方，驱动对方为自己做事，还在于你是否能看穿对方的欲望。

三是懂得利益分配。

对于攒局者来说，蛋糕做大了之后，怎么分也是个大问题。

你有没有想过，为什么项羽明明占得了先发优势，最后却输给了刘邦？其中一个原因便在于，利益分配不均。

刘邦曾经问陈平："我和项王有何区别？"

陈平答："项王宽和，您粗野傲慢。"

刘邦又问："那你为何弃项王而投奔我呢？"

陈平一语道出了原因："项王对于有功之人舍不得封赏，而大王您不吝恩赐。"

通俗地来说，就是跟着您，有肉吃。

所以不能光画大饼，等到论功行赏的时候，全揽功于己，不肯让利，这会功亏一篑。

再看看俞敏洪，俞敏洪能将新东方从小作坊模式做到上市公司，很重要的一点便在于，在利益的问题上从不含糊。

在新东方发展的不同阶段，俞敏洪采取了不同的利益分配方式。

起初，俞敏洪给新东方老师的报酬，是以固定工资加奖金的形式。后来，徐小平、王强、包凡一加入之后，俞敏洪并没有让徐小平、王强和包凡一来瓜分已有的蛋糕，而是扩大业务范围，让他们各自负责新兴的业务板块。

例如徐小平负责移民咨询和出国留学咨询，王强负责编写英语教材和口语教学，包凡一则负责写作班。

当时俞敏洪提出了合伙人机制，要求每个业务板块的大部分利润都由该板块的负责人负责。

当然也有前提，就是各自上交总收入的 15% 用于企业经营，且税费和聘请老师的费用由自己负担。

这种分配方式充分调动起了大家的干劲，因为自己的业务板块做得越好，拿到的钱也就越多，因此新东方才得以在 1995 年到 2001 年间快速发展。

所以俞敏洪才会说："从本质上来说，只有把利益的问题摆正了，人与人之间的友情才能长久。"

因为人与人之间的问题，就是利益分配的问题，搞定了利益，也就搞定了人心。

　　能力强的人，逻辑往往是——我是来工作的，不是来搞关系的。然而，要成大事，并非单打独斗能够搞定的。厉害的攒局者，往往能够在初期，用远大的志向吸引人才；在中期，通过看穿一个人的欲望调动对方的积极性；到了后期，懂得用良好的利益分配机制留住人才。

Chapter **Five**

第五章

专业，在变化的时代获胜的方式

知识付费时代，
你购买的是知识还是安慰？

近两年，知识付费开始兴起，知乎、一些读书公众号纷纷开设课程。

知识付费一般分为以下几类：

1. 内容出版——喜马拉雅、得到（名人专栏、课程、节目）。

2. 问答咨询——分答。

3. 直播分享——知乎 Live、千聊。

你会发现，这些知识付费课程都有几个共性：

速成：短到 10 分钟，最长也不超过 60 分钟。

看起来收获巨大：这些课程的标题似乎都让人有种"物超所值"的感觉，如"1000 本好书""最强数据透视表""收获最宝贵的人生经验""解读 100 本全球好书精华"。

费用较低：大多数课程价格在 100 元左右，不管是上班族还是大学生，都能够负担且可以多次购买。

人们购买这些课程的兴趣有增无减，甚至有的人一次性报了多项课程。仅仅几十块钱就能听到大 V 们宝贵的人生经验，一百来块就能加入读书会，读完 1000 多本书，想想自己未来一年都会充满智慧的光环，睡觉也能笑醒。

为什么人们热衷于购买知识付费课程呢？

1. 知识焦虑

在一个信息爆炸的时代，人们纷纷患上了知识焦虑症，每天都要点开微博，了解最新的热门消息，最新的电影、最热的电视剧、综艺统统不敢放过。

人们以为不知道就是无知，以为掌握了最新的信息就跟上时代的步伐。

知识付费的兴起，让一群患上知识焦虑症、懒癌、拖延症晚期为一体的患者们看到了希望。

你会经常在一些平台上看到：《带领 100 个专业书评人精读 1000 本好书》《积极心理课：重新发现自己，活出想要的未来》《听读书怪才解读 24 部名人传记，收获最宝贵的人生经验》《教你巧用心理学，过更有效率的人生》《快速升值，为你解读 100 本全球好书精华》《5 个技巧带你玩转 Excel 最强数据透视表》《教你如何不把天聊死》《10 分钟，掌握高手沟通之道》《打不得，讲不听，如何让爱发脾气的"熊孩子"乖乖听话？》《只要

60分钟，让你学会快速读书法》……

仅仅需要花几十或者一百来块钱，就能够让自己快速升级到 2.0 版本，变成读了 1000 多本书，熟练掌握办公软件技巧，在职场社交上无往不利的人才！

值不值？简直赚到了！

那些热衷于购买知识付费课程的用户，其实都是一些平时不读书，但是又想提升自己的人。他们或许是朝九晚六的公司白领，又或者是正在上学的大学生，他们时常感到焦虑，担心自己一事无成，他们对现状不满，却又找不到方法改善。而知识付费课程恰巧戳中了他们的痛点。

于是病入膏肓的人们纷纷掏出口袋中的钱，希望能够得到知识的解药。这便是"安慰剂效应"。

安慰剂效应，是指病人虽然获得的是无效的治疗，但却"预料"或"相信"治疗有效，而让病患症状得到舒缓的现象。

于是人们办了健身房的卡，以为就获得了苗条的身材；在网上买了一大堆书还没到，就觉得自己已经学富五车；购买了知识付费课程，就以为能拥有知识。

你不是购买了知识，你只是购买了安慰。

2. 急功近利

这是一个讲求效率的时代，读书这件事看起来不再那么"划算"。

你需要抽一段完整不被打扰的时间，在此期间，你需要忍受想要拿起手机的躁动，全身心地投入到阅读里去，而阅读本身不一定很轻松，你必须理解作者的想法，反复咀嚼，做笔记、摘抄、写书评……

而知识付费课程是那些读过书的人，在用自己咀嚼过的东西喂到你嘴里，让你二次咀嚼。你不必挠着头皮啃那些难以理解的句子和注释，只需要张开嘴，就有人把知识捣烂放入你嘴里，你需要做的，仅仅是咽下去而已。

当然，有捷径，谁还会辛辛苦苦跋山涉水？

你巴不得办完了健身卡就有苗条的身材，买完了十几本书就立刻被大脑读取，不用上班就能赚很多钱。

于是一群平时不看书的人，心甘情愿地掏出钱包，借着"自我投资"的名义，买了一大堆课程，就以为获得了知识、智慧。你以为找到了捷径，但实际上是掉入了陷阱。

为什么我不建议你购买知识付费课程？

你以为你购买了知识，其实只是获得了一堆信息，知识付费课程最大的一个弊端就是碎片化。现在随便打开一本非文学类书籍，你会看到每本书都被分成几个章节，每个章节下面又会有几个小点，它们按照一定的规律、原则组合在一起。

而知识付费课程也许会告诉你一些不知道的知识，你觉得特别的观点，一两个小技巧，却不会告诉你这个观点是怎么来的，支撑这个观点的依据是什么。同样，你也很难从他们的课程里发现系统、结构的存在。

这些课程讲的知识点就像是一棵树上的两三片树叶，它的确是有那么两三片，但是却没有长在树枝上，而是散落在地的。它们不是智慧，不是知识，只是一堆杂乱无章的信息，而且，还不属于你，你随时可能遗忘。

而系统的知识更像是一棵树，先有根，然后是树干，长出树枝，树枝上再长出一片片树叶。它们牢固而扎实地长在树枝上，即便有风吹过也不会掉落。

然而，很多人自以为花了点儿钱捡了便宜，拥有了获得知识的捷径。事实上，他们确实抄了小道，因为知识付费把一个观点、结论直接甩给你，跳过原因、推论、依据，你得到的只是一堆结果。

与其购买教你如何好好说话类的书籍，不如购买《非暴力沟通》《沟通的艺术》；与其购买心理学大 V 的爱情课程，不如购买《亲密关系》；与其让他们告诉你如何才能赚更多的钱，不如购买《穷爸爸富爸爸》；与其让专家告诉你如何教育熊孩子，不如购买《双向养育》。记得小时候刚刚学钢琴，老师会在每周布置一首新的曲目，你需要认新的五线谱，练习陌生的指法，这个过程往往非常困难、枯燥。于是每天放学在家练习时，我总是喜欢弹自己熟悉的曲目，一到需要练习新曲子时，就开始磨时间，不是摸摸这儿就是看看那儿，结果就是自己永远只会弹那几首熟悉的曲子，而不会弹的曲子始终不会。

也就是说，任何会让你提升、进步的学习，在一开始都会让人感到不适。什么时候感到舒服呢？就是你永远只弹你熟悉的曲子的时候。

知识付费课程也是，它们大多不存在什么门槛，简单、直接，甚至偶尔让你觉得很幽默，你并不需要挪用太多脑容量来消化，甚至可以一边收拾屋子，一边听。

但是它们没有营养。

吃过甘蔗的人都知道，甘蔗一开始需要把它的皮用嘴给剥开，然后用力咬下一部分，放在嘴里大力咀嚼，在咀嚼的过程中，你的咬肌会非常累，但是嘴里很甜。而知识付费就是把已经咀嚼过的甘蔗给你，你虽然不需要用力咀嚼了，但同样，放在嘴里也索然无味。

《如何阅读一本书》的作者认为，阅读的目的是获得某方面的知识，提升一个人的理解力。而后者更为重要，只有那些你读起来有困难的书才能提升你的理解力。

一本你读起来很轻松的书，并不会提升你的理解力，这说明你和作者站在同样的层次，拥有相似的思考方式、观点。而那些难以读下去的书，恰恰是你需要生吞活剥的。

如果你总是选择容易的路，看自己看得懂的书，听自己听得懂的课程，那么你根本就不会进步。

　　知识付费最大的坏处就是，一群不爱读书的人开始假装读书，一群不习惯思考的人开始假装思考。明明静下心来好好看书就能解决的焦虑，似乎通过知识付费课程能更快一点儿。

　　正如陈丹青所说："年轻人仍然所见极有限，又迷失在太多讯息中。然而讯息不等于眼界。"

为什么有的人路越走越窄？

前两天跟朋友聊天，她提到了自己发小儿的经历。

大学毕业后，发小找了一份离家最近的工作，没工作多久，又嫁给了家里还算有钱的富二代，怀孕之后，果断辞职，留在家里"相夫教子"。

当时我朋友劝她，还是要有一份能养活自己的工作，给自己留一条退路。没想到她朋友一脸不在乎地说："我觉得现在这样挺好的。"

然而生完孩子没多久，她朋友就哭着给她打电话，说怀疑老公在外面拈花惹草。两人在家里天天吵架，老公回家越来越晚。

离婚吧，她朋友下不了决心，毕竟没有其他收入来源，而孩子这边开销又大。

听完我朋友发小儿的故事以后，我就在想：为什么有的人路越走越宽，而有的人路越走越窄？为什么有的人越来越幸运，而有的人越来越走背运？为什么有的人越来越强，而有的人却没有什么长进？

这些命运的分水岭，其实早在途中留下了预兆。

01

选择最容易的路走，往往意味着在这条路上有很多人走。潜台词就是，门槛低，可替代性高。

而在这条路上，是很难提高能力和积累优势的。所以会导致自己的选择面变窄：需要攀岩高峰时，你没带够工具；走崎岖陡峭的山路，你又没那体力。

我们都知道一个事实，走过难的路，走其他路也不在话下，但是如果你一开始就只挑好走的路走，便很难应对复杂的路况。

仔细观察那些厉害的人，都是因为在人生的十字路口上，选择了最难的那条路走，后面的路才走得顺。

《朋友圈的尖子生》中，小马宋采访过曾任青山资本董事总经理的李倩，发现她在职场生涯早期也曾有过默默无闻跑龙套的经历。

当时李倩在腾讯时尚中心做时尚编辑，做的工作无法为公司创造太多的价值。但是如果想要升职，你需要做真正能对公司的经营业务有益和对公司的发展产生价值的事情。

于是李倩自告奋勇地敲开了腾讯新闻中心负责人的门，说："我看网站上你们中心招人，我能不能来试试？"

当时腾讯网的副总编辑李玉霄说："你要知道，新闻中心是整个腾讯网最累最苦的部门，为什么要来？"

李倩回答："因为你们是最大的一个部门，我要待在最大的部门里。"

于是李玉霄同意李倩来试试商务拓展的工作。

一上班，就有人让她5分钟之内提供中国政法大学校长的电话。在没有任何资源的情况下，李倩短时间便在脑子里列出了三种方案，成功在一次学术会议的 Word 文档上查到了对方的手机号。

后来李倩成了腾讯中心的对外主管。

当然，李倩并不满足，虽然负责腾讯中心的对外联络事宜，但李倩认为在一个新闻中心里，光会商务拓展不行，还必须懂这个部门的核心业务。

于是李倩又转型做了主编。

通过不断给自己找罪受，建立在公司的职业护城河，李倩让自己的路越走越宽。

曾看到一个网友说过一段话："很多人以为往下走会比较轻松，但其实，往下走才是最难的路。"

因为往下走，你没得选，往上走，你有更多的选择空间。

任何一个行业都遵循二八定律，资源、游戏规则、话语权都是朝头部倾斜的，最终会形成赢家通吃的局面。

只有想方设法成为头部，你才能掌握话语权，拥有更多的选择权。

02

脱不花曾说过："如果一个人18岁出道，跟着一个公司走，总会碰上一些机会，只要运气不算太差，脑子不算太笨，只要善于把握那些在你生命中忽然闪现的机遇，就能获得不错的发展。"

人的发展其实遵循一个马太效应，你上升到的层级越高，机会就越多，所以也会越来越好。

所谓的更大的平台，其实意味着更丰富的资源、更厉害的人才、更高级的认知，以及更宽阔的视野。

很多人厉害，不一定是一开始就很厉害，而是进了一个好的平台，这意味着进入了一个职场加速通道。在这个平台上，你会获得平台的溢价，从而提高自己的附加值和影响力。

这个过程叫作借势。

当你还不那么强的时候，借势可以让你撬动比自己更重的砝码和更广阔的人生。

《朋友圈的尖子生》中，小马宋讲过自己认识罗振宇的过程。

当时逻辑思维推出了月饼，每个盒里都有一张节操券，集齐十张就可以"召唤"罗振宇。小马宋通过为暴风影音市场部定制逻辑思维的月饼的方式，获得了 200 张节操券，于是如愿以偿地和其他 19 个人一起见到了罗振宇。

来见罗振宇的有两种人，一种是纯粹的粉丝，另外一种是创业者，希望能够获得一些建议和帮助。

如何从 20 个人中脱颖而出，和罗振宇发生更深刻的链接呢？

小马宋在自我介绍中刻意突出了自己的"卖点"：曾任奥美副创意总监、蓝标策划总监，曾在戛纳广告节获奖。

因为罗振宇也曾做过公关培训，还担任过腾讯的公关顾问，所以罗振宇一听到奥美，便说了一句："奥美的创意总监好值钱的。"

接下来的合作便顺理成章了，小马宋提出可以帮罗振宇策划一起广告专辑，于是他们策划了一场当时引起轰动的"甲方闭嘴"营销事件。

平台更像是我们在路上选择乘坐的交通工具，工具不一样，速度自然也不一样。拼命踩着脚踏车的人，怎么也跑不过开宝马车的人。

想要在高速路上行驶，你首先得有辆车。想要结识更牛的人，撬动更有价值的资源，你就得找个好平台，获得入场券。

03

有的时候，我们的路之所以越走越窄，有一个可能是：路变窄了。

每一种技术的创新，都会逐渐淘汰旧的技术，每一种行业的兴起和发展，都会挤占另一个行业的市场，而有的人只顾埋头赶路，却忽视了外界留下的线索。

我有个朋友，前段时间跟我抱怨说："行业不景气，工作好难找。"

我问他："这是突然发生的吗？还是早有预兆？"

他说："其实早在几年前，便有了预兆。"

这就像沉船的过程一样。明明意识到船舱漏水，船在缓慢下沉，但他迟迟不肯认清现实，寄希望于修补船舱。资历稍浅的，早就被甩下船，另寻出路了，但是他仗着自己能力过硬，资历颇深，即便行业衰落，他依然能够稳稳地立在沉船上。但是当他反应过来这条大船要沉的时候，早已经来不及下船了。

其实很多变化都早有预兆。当你看到本来走在你前面的人，掉转头朝反方向走的时候，就是一种预兆。这是不是意味着此路不通，或者前方有故障？

当你看到周围的人都在变道，同行的人越来越少，其实也是一种预兆。这是不是意味着这条路上会有被泥石流冲刷的风险？

那些越活越好的人，往往能够灵敏地嗅到行业趋势，提早为未来做准备。

04

有一些路，它可能并不在你的地图上。你走着走着，才突然发现了这条小径。

它看着并不起眼，有的人会直接略过，而有的人出于好奇心会往里面走走，结果发现，这条小径指向的地方别有一番天地。

这条小径就是一些你无意中做的事情，也许是你的兴趣爱好，也许是某次合作。总之，起初你并不期待从中能够收获多大回报，但这件事情却能对你产生深远的影响和无可比拟的附加值。

李叫兽，广告圈的朋友应该都有所耳闻，这位"90后"人生赢家，曾拒绝过年薪300万的Offer，25岁便成为百度副总裁。

在大多数人还在读研或者在基础岗位的时候，李叫兽便如冉冉上升的新星快速崛起。之所以能走到今天这一步，其实也源于他对自媒体的尝试。

当时李叫兽正面临人生中的一个低谷，大四找实习时四处碰壁，才华得不到认可，保研又觉得没意思。

一番纠结后，李叫兽还是决定申请保送清华。

申请成功后，大四一整年的时间都没什么事可做，于是李叫兽趁着这段时间思考了个人的成长策略。

那时，虽然李叫兽脑子里装满各种各样的能力和知识，但是却无法得到别人的认同和欣赏。于是，李叫兽决定做自媒体，通过写营销类的文章，输出自己的影响力。

没想到短短 2 年的时间里，他的公众号从个位数成长到 30 万粉丝的大号，他写的多篇文章《月薪 3000 与月薪 30000 的文案区别！》《X 型文案和 Y 型文案》也刷屏了朋友圈。

这条路，起初只是一个大四学生的一次试炼，却没想到带他走向了更广阔的世界。

很多时候，机会往往降落在漫步的林荫小道上，你无意中尝试的事情，往往会给你带来不一样的惊喜。没有一种处境是突然出现的，那些看似偶然的命运，其实早就写好了脚本。但有一点准没错，那就是：永远让自己保有选择权，人生的路才能越走越开阔。

人脉，不过是资源置换

"人脉""圈子"这些词常常会出现在鸡汤文中，甚至还有一些成功学的书、课程教你如何扩大自己的人脉，一个人若是拥有强大的人脉、会混圈子，好像就差不多接近成功了，于是很多人以结识更多牛人为目标，花费大部分时间与精力去要微信，去约饭。

你以为加个微信就是朋友？见个面、吃过饭就是熟人了？

一个人的微信好友那么多，都很熟吗？你以为你独一无二很重要，或许你只是对方通讯录里连备注名称都没有的随时可以清理掉的人。

你以为你认识某个大咖，说过几句话，就可以要求对方帮忙了？一天到晚找他的人那么多，人家凭什么帮你？

人脉，不是你认识这个人，而是你与对方能够互相影响。通俗来讲，就是能够在对方面前"说得上话"，对方说话做事会考虑你的想法和态度，而换个人就不一定了。用得上的才是人脉，用不上的，顶多只算认识。

也就是说，你帮得上我的同时，我也能帮得上你的忙。如果双方"实力"差距太悬殊，单单只有一方提供帮助，而另一方只会索取，关系是无法建立和维持的。

只有当我们能够彼此影响的时候，我们的关系才有价值。

01

和朋友在一起的时候，我们通常不会太过计较谁请谁吃饭，谁请谁看电影，因为朋友之间交换的并不是金钱，而是观点、想法。

我们会一起讨论电视剧，说说对剧情走向的预测，对演员演技的吐槽，偶尔会谈论自己的家庭，吐露一些很少告诉别人的经历。

和朋友在一起，或许我们的金钱并不会得到增长，但是我们看问题所拥有的视角会变得多元化，人生经历、感悟会因为朋友的分享而多了一份。

但不是所有的人都能够成为朋友，这不是因为我们的经济水平不一样，我不能给你带来利益，你也无法在工作上帮助我，而是两人的思想不在一个段位，或者双方没有交流欲望。

如果你想和一个很厉害的人成为朋友，那么你需要的不是找到他，私信他，给他留言，而是让自己在某方面也能变得厉害。

那个时候，你们坐在一起，他把自己的一些独到的想法告诉你，你也能告诉他他不知道的某些知识，你们彼此在一起会觉得合拍。这就是朋友之间的"势均力敌"，段位悬殊太大的两个人，是无法维持长期的友谊的。

02

男人喜欢年轻、漂亮的女人，女人倾向于选择拥有一定社会地位、经济水平良好的男人，按照生物进化的观点来看，是再正常不过的一件事了。

匹配现象认为，人们通常会接近那些吸引力方面与自己大致匹配或者高出自己的人。

而吸引力不只源于外表，其他品质，如聪明、情商高、善良等也具备吸引力，一些外表吸引力较差的人，常常具有其他方面的品质，可以对自己的外表进行补偿。

03

合作伙伴是有商业往来的人。很明显，你们之所以成为合作伙伴，是因为某些共同利益把彼此联系在一起。你身上有我想要的资源，我身上有你需要的资源。

当你需要寻求合作伙伴时，不是说虽然我什么都没有，但是我很努力、勤奋，说好听点儿，这叫作初生牛犊不怕虎，换句话说，就是空手套白狼。在如今的社会，你跟我谈感情，我们就坐下来慢慢谈感情，但是你要跟我谈生意，那麻烦拿出"诚意"。

你必须有和对方匹配的资源，你不能仅仅考虑你能为我带来什么，我有多想和对方合作，你必须知道你手里有什么，你有的是对方想要的吗？你的资源有足够的分量吗？

努力、勤奋就想获得别人的投资？就能让别人拿出自己辛苦赚的钱给你？对方如果不是傻瓜，恐怕也只会回复你"呵呵"两个字了。

04

什么是二度人脉？二度人脉，是指通过一度人脉认识的人。譬如在朋友聚会上认识的朋友的朋友，或者同事介绍的工作伙伴。

这些二度人脉，或许无法立即和你"资源置换"，但是他们拥有一些"潜在"的资源置换价值。

根据格兰诺维特的"弱关系的力量"假设，弱关系促成了不同群体之间的信息流动，弱关系传播了人们原本不太可能看到的信息，由一个人的弱关系分享的信息此后不太可能被局限于小范围内。简而言之，弱关系最有可能向好友提供一些他们原本难以获取的信息。

你和朋友因为相同的价值观、相似的兴趣爱好走到一起，你和同事因为同样的工作环境而认识，你和合作伙伴也是相同圈子的人。这就会导致你的信息盲点。

你所接触到的、听到的都是这个圈子、行业内知道的信息，但是弱关系（二度人脉）的人却很可能来自和你不同的圈子、不同的行业。他们能够带来很多你所不知道的信息，而这些信息，恰恰很有可能促成你们以后的合作，或者为你以后的跳槽、创业带来机会。

人与人之间的关系本身就是"功利"的，人际关系学中的"相互依赖理论"认为，人际关系所带来的奖赏和代价之差就是结果。当奖赏大于代价，则人际交往结果为正；当奖赏小于代价，则人际交往结果为负。

我们都希望能够从一段关系中得到的比付出的多，但长久的关系不仅是你得到的比付出的多，而是你们两人得到的都比付出的多。

高段位的人，都是精要主义者

我有一个前同事，她是一名设计，给我留下了很深刻的印象。

一到下班时间，在大家准备打开手机点外卖的时候，她就关掉电脑，毫不在意别人的目光，拎包就走。

在面试的时候，她曾清楚地告诉直属上司，自己不喜欢加班，不过她会提高工作效率，保证在上班时间内完成当天的任务。因为对她来说，工作之外，她还有自己的生活。

她非常保护自己的时间，这体现在很多方面。

譬如，有同事找她设计一张海报，她告诉对方，把需求、参考物料、截止时间等信息通过邮件发送给她。

因为当面沟通的情况就是，对方花了半个小时，依然说不清自己到底想要什么，结果设计出来的东西需要反复修改，不仅浪费时间而且低效。

譬如，她会拒绝下班前 5 分钟发过来的设计需求，并把它推迟到第二天的上班时间来完成。

譬如，当领导要求国庆加班时，她会毫不犹豫地回复，自己不带电脑回去，没办法加班。

譬如，她的设计图不能修改超过三次，当其他同事提出修改建议的时候，她会从专业角度说服对方认同自己的设计，从而减少修改次数。

刚开始，大家都觉得有些不适应，觉得她过于"特立独行"，我虽然欣赏她的勇敢直接，但却没办法像她那样坚守不加班的原则和立场，担心上司会不满，担心同事会误会。

但久而久之，在几次工作对接后，她改变了大家的习惯：不再拖延，而是很早提交设计需求，预约她的时间；在对海报有不同想法的时候，也会谨慎使用改图的机会；不再视加班做图为理所当然，没有人会在休息时间打扰她……

我们在生活和工作中也常常遇到相似的问题：想学的东西很多，但是没一样坚持下来；舍不得放弃任何一个机会，所以没一样做得让人满意；每天过得特别忙碌，每件事都想做到尽善尽美，却无法创造亮眼的成绩；不好意思拒绝同事的请求，所以不得不加班熬夜来完成自己的本职工作……

这些问题之所以会出现，往往是因为我们分不清主次优先顺序，想要的太多，结果一样都没抓到。

仔细观察，你就会发现，那些高段位的人，往往是精要主义者。

什么是"精要主义"？

精要主义，就是对"更少，但更好"的不懈追求，并把它作为行事的铁律。

《精要主义》一书的作者格雷戈·麦基沃恩认为：精要主义不是如何完成更多的事情，而是如何做好对的事情。

精要主义主张只做必要之事，尽可能做出最明智的时间和精力投资，从而达到个人贡献值巅峰。

为什么要拥抱精要主义？

1. 精要主义，让你赢

在《击打的科学》一书中，被称为"史上最佳击球手"的泰德·威廉斯曾分享过一个提高击打率的秘诀，那就是：不要每个球都打，而是只打"甜蜜区"的球。

什么是甜蜜区呢？

泰德·威廉斯将击球位置划分成了 77 个棒球大小的区域，而所谓的"甜蜜区"就是指其中最理想的击球区域。

只有当球进入了甜蜜区以后，泰德·威廉斯才会挥棒击打，在这种情况下，才能保持 0.4 的击打率。

如果勉强去击打甜蜜区以外的球会有什么样的后果？那就是击打率会降到 0.3 或 0.2 以下。

泰德·威廉斯说："要成为一个优秀的击球手，你必须等待一个好球。如果我总是去击打甜蜜区以外的球，那我根本不可能入选棒球名人堂。"

也就是说，泰德·威廉斯之所以能够保持高击打率，不是因为他什么球都能够完美接到，而是因为他选择放弃一些"坏球"，从而成了最佳击球手。

这便是非精要主义者和精要主义者的区别之一。

非精要主义者认为，几乎一切都重要，将机会等同视之。精要主义者认为，几乎一切都不重要，需要区分重要的少数和不重要的多数。

对于这一点，我自己也深有体会。

2015 年，算是新媒体的红利期，那个时候，不管是出爆文还是涨粉，都会比较容易，只要铆足了劲儿写，很容易让公众号的体量上一个台阶。

但当时我想做的太多，除了做自己的公众号以外，我还同时和出版社合作出书，接一些大号的约稿。这导致我自己的公众号反而很少更新了。

而和我同一批做公众号的作者，他们往往心无旁骛，埋头码字，至少每天更新一篇原创，所以没过多久，就已经做到几十万甚至上百万粉丝的体量了，我却还在原地踏步。

对于那时的我来说，出书、给其他大号供稿、做自己的公众号都是向我飞速抛来的球，但我当时并没有认真观察哪一个是好球，而是贪婪地想要接下所有的球。

最后的结果就是，我错过了真正的好球。

这个故事给我们的启发是什么呢？

我想，每个人在工作、生活中，都会出现一些"坏球"和"好球"，我们要做的并不是跑来跑去试图接下扔过来的所有的球，而是在球抛过来之前，认真辨别它是好球还是坏球。

人生就像击打棒球，要获得成功，秘诀不在于你做了什么，而是你在这个过程中放弃了什么。

2. 精要主义，让你聚焦

相信大家都听过西南航空，这是一家以廉价闻名的航空公司。

为了专注于"廉价"这一主要目标和定位，西南航空曾做出很多取舍：不是所有航线都飞，只提供点对点航线；不是调高价格提供餐食，而是不提供餐食；不提前分配座位，让乘客登机后挑选座位；不向客户推销炫目的头等舱服务，只提供普通舱服务……

坐在这样的飞机上，显然没有那么舒适。所以当西南航空推出这一策略的时候，遭到了外界很多的质疑和反对。然而西南航空选择忽视这些声音。

结果几年后，因为聚焦在最重要的目标上，西南航空利润飙升，甚至有竞争者开始效仿它的做法。

经济学上有一个词，叫作"机会成本"。什么意思呢？就是你每做出一种选择，就相当于放弃了其他选择，这些代价就是机会成本。

当面对机会的时候，非精要主义者认为："我两样都能做。"而精要主义者认为："我想做出什么样的取舍？"

举个例子来说，如果把每个人的时间看成原始资本，这个原始资本是有限的，而且需要长期投入在某个领域才能结出果实。精要主义者会在前期谨慎思考，把它投入在什么地方才能够带来最大产出，从而扫除障碍，聚焦在真正重要的事情上。

每隔一段时间，就会有人加我的微信，邀请我入驻他们的平台。所谓入驻平台，就是在他们的平台注册账户，并且把公众号的内容同步在其平台上。以前面对这样的邀请，我都会欣然同意，因为对于自己来说，这是不可多得的曝光机会。

后来我发现，虽然只是同步这么一个小小的动作，但依然需要我花费时间和精力去管理、运营，在曝光、转化上却不尽如人意。

所以后来再收到这样的邀请的时候，我会问他们三个问题：平台的注册用户数是多少？平均阅读量是多少？可以为我的公众号做出怎样的曝光和转化？

凭借这三个问题，我拒绝了大多数入驻邀请，同时也节省了我大量的时间和精力，让我可以聚焦在写原创文章和运营公众号的目标上。

可惜吗？

很多人对于出现的机会来者不拒，生怕错过一丝可能，但实际上，并不是所有机会都值得争取。有的机会看起来很好，但走近一看就会发现是诱惑和陷阱，它会阻拦你通往正确的道路。

真正重要的事情少之又少，其他的一切都是噪声。

3. 精要主义，让你及时止损

泰勒诺曾是强生公司最盈利的产品，1982 年，有报道称 7 人服用泰勒诺后死亡。

后来调查发现，原来是装药的瓶子被动了手脚。

当时强生面临一个艰难的选择：是召回药品货架上的全部泰勒诺产品以保障客户安全？还是通过危机公关控制并防止股东抛售公司股票？又或是第一时间安慰并补偿受害人家庭呢？

庆幸的是，在强生公司总部有一块石头，上面写着公司董事长罗伯特·伍德·约翰逊留下的一则宣言，那就是：客户第一，股东最后。

这让公司管理层对于"什么是最重要的"这个问题没有任何疑问，并很快做出了取舍。那就是：召回全部泰勒诺产品，即便这将会对公司造成高达 1 亿美元的损失。

这一决策虽然导致了不小的经济损失，但是成功挽回了消费者的信任，让强生能够从 1982 年的灾难性事故中及时止损，东山再起。

每当面对取舍时，非精要主义者会陷入沉没成本的牢笼，他们认为，只要坚持下去，就能取得成功，不肯承认自己的错误。而精要主义者会跳出沉没成本的框架，他们愿意脱手，及时止损。

有的时候，放弃是一种获得，而坚持是失去的开始。不是所有的坚持都有意义，也不是所有的忍耐都能看到曙光。

4. 精要主义，让你重获自由

《创新者的窘境》一书的作者克莱顿·克里斯坦森曾分享过一个故事。

那个时候，他在一家管理咨询公司工作，一个合作伙伴要求他周六来公司加班赶项目。

克莱顿·克里斯坦森回复对方说："哦，对不起，我已经承诺过了，每个周六要陪伴我的妻子和孩子。"

结果对方怒气冲冲地离开了，没过多久，又回来告诉克莱顿·克里斯坦森："我已经同团队其他人谈过了，他们答应周日过来加班，所以我希望你也能来。"

克莱顿·克里斯坦森叹口气说道："感谢你这样做，但是礼拜天也不行。我的礼拜天已经给了上帝，因此我不能来加班。"

克莱顿·克里斯坦森并没有因为坚持自己的立场而丢掉饭

碗，尽管可能得罪了合作伙伴，但因此也让对方明白了自己的界限，并且守护了陪伴家人和休闲的自由。

克莱顿·克里斯坦森后来回忆说："这件事给我上了重要的一课。如果我当时破例一次，那么我大概已经破例了好多次了。"

这就是精要主义的魅力所在。

非精要主义者认为，界限就是约束和限制，是自己超级高产的人生道路上的拦路虎。

而精要主义者则认为，界限保护了他们的时间，使之免受劫持，也让他们积极主动地淘汰各种要求和累赘之事，以免精力分散。

《精要主义》一书的作者格雷戈·麦基沃恩曾讲过一个故事。

有一次，他的妻子刚刚在医院生下了他们的大女儿，作为丈夫，格雷戈·麦基沃恩本应该陪伴在她们身边，然而他却忙着接工作电话、回复工作邮件。

当他看到同事在邮件中写道：星期五下午一点到两点之间最好别生孩子，因为我需要你过来参加会议，同客户见面。

虽然明知道对方是在开玩笑，但是格雷戈·麦基沃恩还是感觉到一种莫名的压力。

所以当有人问他是否出席会议时，他鼓起勇气说了一个字："是。"

他去参加了会议，但是他搞砸了一切。他本应该陪在妻女身边，却勉强自己参加了会议，所以面上带着明显的不悦，而客户们也看出来了。这样做的结果就是，不仅伤害了自己的家庭，违背了自己的原则，同时也影响了客户关系。

乔希·比林斯曾说过："人生中一般的麻烦源于答应得太快，拒绝得太慢。"

如果你不能自己安排生活的优先次序，就只能任由别人替你安排。

那么，如何拥抱精要主义呢？

1. 筛选甄别

前段时间，有个大号创始人邀请我参与他的课程研发，因为他得知我的上一份工作和知识付费有关。

这个大号创始人提出的条件很诱人：可以让我兼职并且在家办公，并且提供一份稳定的收入。但是我认真考虑了一下，还是婉拒了。

因为我问了自己一个问题：我目前最看重的是什么？

答案是：公众号的增长。

那这份兼职能否帮我实现这个目标？

答案是：不能。

所以我没有接受这个看似不错的提议。虽然它可以带给我一些额外的收入，但是它的代价也是显而易见的，那就是我必须抽出一部分时间，去做和我的目标完全无关的工作。

精要主义者在面对机会的时候，不会一开始就急于答应，而是会在事前进行甄别和筛选。

因此当一个机会出现在你面前，而你犹豫不决时，不妨运用90%法则，即考虑一个重要的决定标准，然后对出现的机会打分。如果得分概率低于90%，那就自动把评分降为0，并且断然淘汰它。

还有更简单的方式，你可以问自己，面对这个机会，如果心里不是肯定的"YES"，那就应该给对方一个肯定的"NO"。

有些机会就像吞时兽，它们不一定有助于你的目标，却会占用你大量的时间。

2. 设置边界

我有一个前同事，她是一名采编，虽然经常加班，但是她依旧很难完成当天的任务。后来她才发现，每天都有 1～2 个漫长的会议等着她，而会议期间，她几乎无法做任何事。

这些会议大多是其他同事召开，需要大家贡献点子，既费时间效率也不高。开完会以后，她往往没有足够的时间去完成自己的工作。

为了提高效率，她决定设置界限，优先保护自己的工作时间。如果当天的任务比较重，那她会拒绝参加会议，或者事后单独跟对方提交自己的点子。

"职场中，有人总想使用你的洒水器给他们的草浇水。"也许是同事请求你为他的某个项目贡献智慧；也许是合作伙伴拉着你喋喋不休地讨论，而你有一大堆工作要做；也许是因为某个同事休假，而你需要承担原本不属于自己的工作。

对于这些行为，你需要筑起篱笆，让对方的问题离开你的院子，待在它们该待的地方。

所以你首先需要明白一件事，那就是别人的问题不是你的问题。

其次，你需要设置明确的界限，对于超过你界限的事情，勇敢拒绝。当然，设置边界需要付出代价，你需要衡量什么对你来说是更重要的，然后舍弃没那么重要的东西。

最后，你可以找到坏事者，就是那些极大地降低了你的效率、增加了你工作时间的人，告诉对方你的优先序，并在一些无关紧要的事情上说"NO"。

3. 保持专注

我在写作过程中，常常会遇到的一个问题就是，微信上总有新消息跳出来，可能是家人的关心、朋友的闲谈，也可能是工作群的消息。

因此我发现一个问题，那就是一旦被打断之后，我需要花很长时间才能重新进入专注的状态。所以后来我决定，在写作期间退出微信，并且找一个安静的角落办公，切断干扰。

当我这么做以后，我发现工作效率极大地提高了，一般一个上午或者下午就能写完一篇稿子。

当然，这么做的后果可能是错过一些消息。但对我来说，能够被忽略的都是不重要的消息，如果真的是重要的消息，那么对方会给我打电话，或者直接走过来跟我说。

所以为了保持专注，你需要主动切断干扰源，另外找到能够让你迅速进入工作状态的"兴奋剂"。对我来说，"兴奋剂"就是一杯温热的咖啡，再配上舒缓的音乐，有了这两样东西，就能开启一个静谧高效的早晨。

拥抱精要主义，就是相信我们可以选择如何支配自己的时间和精力；拥抱精要主义，就是相信重要的只是少数，其他一切都是噪声；拥抱精要主义，就是明白人生需要做出取舍，无法两者兼顾；拥抱精要主义，就是停下来区分、甄别重要的事情；拥抱精要主义，就是保持专注，对无关紧要之事说"不"。

你会发现，人生从此清晰而有力量。

比跳出舒适区更重要的，
是清楚自己的能力边界

记得刚刚毕业找工作时特别迷茫，各种工作都去试一试，让我印象最深刻的一次是应聘 HR，当和面试官聊到期望薪资时，我脱口而出"6000～8000 元"，没想到对方扯了一下嘴角，眼神从上而下审视我说："你凭什么认为你能拿 6000～8000 元的薪资？"

我当时没有反应过来，因为对于实习的时候就拿到了 6000 元薪资的我来说，毕业后第一份工作要求 6000～8000 元再正常不过了。

面试回去的路上，我一直在想，为什么毕业后找的工作的薪资还不如实习时候的薪资？

当时我不明白的是，对方给你的薪资并不是根据你以前的薪资水平决定的，而是你所在行业的平均水平决定的。

我之所以能够在实习中拿 6000 元的薪资，是因为我应聘的恰好是当时比较热门的新媒体工作，而我刚好拥有一些新媒体写作经验，薪资自然开得高。

后来陆陆续续面试了销售、钢琴老师、猎头等工作岗位，我发现薪资都不如新媒体高，自然而然，我选择了做新媒体。

为什么讲这个故事呢?

我想说的是，在迷茫的时候，选择那条走起来比较轻松的路。

这句话可能和很多人的常识违背，但仔细一想，你会发现不无道理。

01

国庆节回家的时候，我报了一个月的私教课。

聊天的时候，当我问私教为什么选择这份工作时，她也表示了疑惑：一路走来，竟然出奇的顺。

大学的时候，为了减肥，她开始健身，后来顺道就考了教练资格证。快毕业的时候，当身边的同学都开始焦虑找工作的事情时，只有她经过师兄的介绍，进了一家健身房工作。

她跟我说："不知道为什么，我感觉一路走来特别顺，没遇到什么问题，而且薪资水平也比同龄人要高。"

我一边做着卷腹，一边挤出了几个字："因为你选对了路。"

为什么这么说呢？

《牧羊少年奇幻之旅》中写过：当一个人在追寻自己的天命时，这个宇宙会合力助你实现愿望。

每个人都有属于自己的命运，它会在生活中给你留下预兆和线索，我们把它叫作"新手的运气"。但是天命不会一直等着你，有的人一旦无视了生活中的种种线索，它就不会再出现了。

上学的时候，你最喜欢哪一门学科？

英语？语文？还是数学？

你回想一下，为什么你会喜欢那门学科呢？大多数人都会回答：因为我比较擅长那一科。

别人可能需要花半个小时、一个小时才能记下的单词，你花 5 分钟就轻而易举地记住了。你看着卷子上的分数，听着老师的表扬，于是你自然会花更多时间在这门学科上，听课也格外认真。

而所谓的"容易""顺利""正向反馈"不就是天命精心留下的暗示吗？

我大学时学的专业是物流管理，但我对这个专业并不感兴趣，后来大三实习的时候注册了一个公众号开始尝试写作。我本来不是一个很有毅力的人，但唯独在写作这件事上，我坚持了下来。

为什么？因为天命不断地给我启示，让我一路上都有看得到的"甜头"。

譬如，当我投稿给自己喜欢的公众号时，投到第 3 篇主编就主动加我微信，想跟我约稿，并且给予我写作上的建议，至今仍然受用。

譬如，当我在公众号更新第 12 篇文章的时候，就有千万级别粉丝的大号主动加我微信，申请授权转载，带给我一天新增3000 粉丝的转化，并拉我进入自媒体作者群。

譬如，还没毕业就有出版社的编辑找到我，想要跟我签约出书，还将付给我一笔对于学生来说比较可观的稿费。

譬如，大学同学有一天突然很激动地在微信上跟我说，早上起来一边敷面膜一边刷微博的时候，竟然刷到了我的文章。

"生活对于追寻自己天命的人真的很慷慨。"那个时候我才知道，哪有什么默默坚持，不过是天命在对的路上留下了过关奖励。你要做的，就是抓住你的乐透时刻。

02

经济学上有个词，叫作"比较优势"，指的是当某一个生产者以比另一个生产者更低的机会成本来生产产品时，我们称这个生产者在这种产品和服务上具有比较优势。

简单来说，就是同样写一篇文章，别人用 2 小时就能完成，但你修修改改需要花两三天才能达到同样的水平。

那么相较于你，别人就在写文章上拥有比较优势。

人生就是一个资源配置的过程，每个人的时间、精力是有限的，成功的人往往懂得将优势最大化。简单来说，就是做你擅长的，不擅长的，让别人去做。

我有个朋友，刚进公司的时候是做线上课程，到公司以后很快就和大家混熟了，一到午饭时间，大家就带上自己从家里带的饭、打包的外卖围坐在一起，听她讲各种明星八卦下饭。

而且她的洞察力、记忆力和表达能力很强，看过一遍的东西基本上就能精准复述，而且总能以幽默诙谐的方式恰到好处地演绎出来。这样的人，天生就适合舞台，而不是在幕后默默耕耘。

后来她的天赋被老板看到，将她调到了销售部门，顺便担任线下活动的主持，这份工作可以说做起来是得心应手、游刃有余。

作为销售，凭借出色的洞察力和天然的有趣，她可以在很短的时间里，让陌生人放下戒备与其成为朋友。作为主持，她能够很快记住嘉宾的背景和名字，并且自如地抛梗和台下的观众互动。

不得不承认，比起做课程，她更适合做销售和主持，这不仅能够给她带来成就感和较高的个人收入，也能为公司创造更大的收益。

所以当你走得很艰难的时候，要反省一下，是不是在别人的赛道上长途跋涉？

做人不怕吃苦，怕的是不自知，硬要用自己的短板和别人的长板死磕。

实际上，不是所有人都能够幸运地在不算太晚的时间里发现自己的天赋所在，大多数情况是，明明你有属于自己的赛道，却偏要跑到别人的赛道一争高下。

03

之前看《我就是演员之巅峰对决》，在一期对决中，佟大为接到了《夏洛特烦恼》的剧本，饰演里面油腻的中年男人——夏洛。

当知道佟大为演夏洛的那一刻，我倒吸一口冷气，他和这个角色完全不沾边嘛，一点儿也没有油腻的味道，所以演出时有种说不出的别扭。

果然，一场喜剧演下来，观众却笑不出来，只能得到"走出舒适区，很有勇气"之类的安慰话。

是佟大为演技不好吗？

肯定不是。

在谈论"演员是否应该走出舒适区"的话题的时候，秦昊点出了问题所在：干吗让赵本山去演陈道明的角色，这样跳出的舒适区没有意义。

李冰冰也认为，演员都是在自己的能力范围内进行各种挑战，不能总挑战自己能力之外的事情。

什么意思呢？每个演员有自己的原生气质，一个角色越贴近你的原生气质，你就越有可能把它演活。好的演员不是不断挑战不适合他的角色，而是挑选在能力圈以内可以驾驭的角色。

而柳岩在《受益人》中的一段自白之所以被夸演技好，也是因为角色和自己的经历相重合，不是演别人而是演自己，所以情感才能够自然流露。

跳出舒适区固然勇气可嘉，但跳出去的结果是打破边界还是不自量力，谁也不知道。

前段时间去看了一部《徒手攀岩》的纪录片，男主是美国攀岩大师亚历克斯·霍诺德，他并不是第一位徒手攀登酋长岩的人，但他却是唯一一位徒手攀登酋长岩还活着的人。

徒手攀岩这种极限运动，需要全神贯注，容不得丝毫分心，稍不注意就可能跌下万丈深渊，轻则骨折，重则丧命。

为了完成自己的终极目标，亚历克斯·霍诺德准备了一年半的时间，借助绳索攀爬过近 60 次酋长岩，每次攀登完他都会写下密密麻麻的笔记复盘，这样做的目的并非为了进行预演，而是反复尝试不同的岩点，研究攻克最难的区域。

你看，就连徒手攀岩这种极限运动在完成前都需要安全绳保障安全，普通人行事更要如此。比跳出舒适区更重要的，是知道自己的能力边界，其次是做能力圈以内的事情，并且尽可能地把它做好。我曾经跟很多找到自己热爱的事业的人聊天，他们都不约而同地告诉我一句很魔幻的话："那一刻，我觉得全世界都在为我开路。"

容易的路，并不是不思进取、安于现状的路，而是那条你一踏上去就觉得比别人走得快、走得顺的路。

每个人早期都会经过那么两三次"乐透时刻"，当时只以为是走运，回过头来看，才知道那是某种天命留下来的暗示。

当然仅仅有天赋是不够的，天赋只是一种潜能，成功的人跟普通人的差别在于，能够在更早的时候发现自己的天赋，以及在之后的生活中利用早先显现的天赋不断稳定输出并将之转化为优势，时间的复利自会慢慢显现。

搬砖 VS 滚雪球，你拥有哪种人生算法？

前段时间，看了一位知识星球的星主张辉说的一段话，颇有感触："其实每个人每天的行为，就其长期影响来看，存在两种类型：一种叫滚雪球，一种叫搬砖。"

滚雪球和搬砖的区别在于以下三点：

从收益方式来看，滚雪球模式需要前期持续不断地投入，这样才能在后期拥有长期的收益，而搬砖模式能够短期变现。

从能力影响来看，滚雪球模式能够帮助你提升认知，积累经验，获得成长，而搬砖模式除了让你消耗已有的经验以外，无法带来有意义的成长。

从心性要求来看，选择滚雪球模式的人，需要具备延迟满足的能力，而选择搬砖模式的人则通常会要求即时满足。

你有没有想过，为什么同样的事情，在有的人看来是投资自己，而在另一些人看来是花冤枉钱？为什么同样的高薪工作，有的人欣然接受，而有的人毫不犹豫地舍弃？为什么有的人路越走越窄，而有的人路越走越开阔？

究竟是什么原因，导致了每个人的选择不同，尤其是重大事情的选择？

原因在于人生算法不同。其实每个人都拥有一套属于自己的人生算法，这个算法里面包含价值观、知识体系、认知维度和精神气质等等。

滚雪球模式和搬砖模式是两套不同的人生算法。输入同样的数值，但算法不一样，自然会得出截然不同的结果。

01

什么是搬砖行为？

举个例子来说，前段时间，有位想投放广告的顾客，让我推荐两个不错的公众号号主给他。

当我推荐了之后，他却说不能用。

我问为什么？

他回答："这两个公众号阅读量异常。"

我一听就明白了，因为业内存在一些刷阅读量刷粉的现象。

为什么会刷阅读量？因为很多公众号是靠接广告来赚钱的，而广告费用又直接与阅读量挂钩。

从短期来看，这确实能够提高阅读量和广告收入，但从长期来看，这种行为无异于自杀。

一方面，甲方会利用第三方平台对数据进行监测，一旦发现数据异常，便会发现被欺骗的事实，这时想要对方复投，基本上就不可能了。

另一方面，即便没有第三方监测平台，光有虚高的阅读量，但是没有有效的转化，对方也会起疑。

对于自己来说，也是得不偿失。

当我看到阅读量不好的时候，往往会反思，是不是标题没起好？是不是选题不够吸引人？因此会不断迭代优化，提升自己选题、取标题和写作的技能。

而对于刷阅读量的人来说，习惯了短期变现，陷在刷数据—接广告的路径中，便很难老老实实沉下心来修炼内功，所以往往本末倒置，将那些安身立命的本事搁浅。

选择搬砖模式的人，眼睛会紧盯脚下，却往往忘记抬头看看远方，所以稍一不慎，反而绕了弯路，掉进了坑里。

02

其实不少公司，每天也在做搬砖的行为。

最典型的一种搬砖行为就是利润为王。为了做出好看的财务报表，一些公司会将大部分利润投入到回购股票中，而削弱研发成本。

短期来看，这确实能够提供公司账面上的收益，但从长期来看，会削弱公司在产品上的竞争力，不可避免地走下滑路。

例如波音公司，由于波音的股价与高管的收入挂钩，因此高层通常会将公司利润用于回购股票、拉升股价上，却吝啬花费在研发新款飞机上。

为什么高层不愿意投钱在研发上？

因为一款新型飞机的投入可能高达一两百亿美元。如果你只是将眼光放在未来一两年上，那么这笔投资看起来的确是"亏大了"，但是，如果你将眼光放长远，一个机型通常可以运作50年以上，在十几年的时间里就可以收回成本。

但波音管理层并没有这么做，而是选择砸钱用于回购股票，只有很少一部分用于提高生产力和员工薪酬。

波音过去质量优先、强调沟通的企业文化被遗弃了，取而代之的是"利润至上"的价值观。

直到对手空客研发了新型的飞机，抢夺了波音的订单，波音才匆忙应战。

波音公司是怎么做的呢？

波音公司在已有的平台上推出737Max，为了在燃油效率上和空客对抗，737Max 换上了更大的、更省油的发动机。然而，由于机身的限制，发动机的位置被迫改变。

而这一改造会让飞机在起飞时有失速的风险。

对此，波音公司提出的解决方案是，安装传感器来判断飞行过程是否抬头过高，而飞机上的 MCAS（机动特性增强系统）能够避免飞机俯冲。

然而，两起空难证明这套 MCAS 并不牢靠。在调查中发现，传感器读取数据失误导致了 MCAS 的失灵，是空难发生的主要原因。

这两次空难与其说是波音公司高层的决策失误，不如说是搬砖行为导致的必然结果。因为资本是短视的，通常要求短平快，而对于公司重要的战略目标，却要求长期的投入和耐心的等待，例如研发新的产品，拓展新的业务。

所以搬砖行为导致的滑坡，通常是隐蔽而又难以察觉的，当你意识到问题时，往往错过了调整修正的最佳时机。

03

什么是滚雪球行为呢？

前几天，在看《一网打尽：贝佐斯与亚马逊时代》的时候，我发现一个有趣的事实：在相当长的一段时期里，亚马逊的资产负债表上的盈亏总计都是让人失望的。即便是在 2012 年，亚马逊疯狂进军新领域和其他产品业务的过程中，总体上仍然是亏损的。

那亚马逊是如何在短短几年的时间里，实现了指数级增长的呢？

答案在于：滚雪球模式。

在很多重大决策上，亚马逊都舍弃了搬砖模式带来的短期效益，转而投向滚雪球的怀抱。例如，2005 年，亚马逊的员工提出了 Prime 服务，只需要 99 美元的年费，用户就可以在订货后的两天内收到货物。

以当时的物流水平来看，这件事的投入产出比是完全亏损的。公司的高管极力反对，认为"免费送货并不是什么创举，而是让未来的资产负债表再一次出现问题"。然而贝佐斯力排众议，推行了这项服务。

两年后，据内部人士透露，加入 Prime 高级会员的顾客在网站上的消费额平均翻了一番，公司第一季度的销售额首次突破 30 亿美元，一年内增长了 32%。投资者们终于意识到了 Prime 带来的价值。

在谈及亚马逊成功的秘密时，贝佐斯是这么说的："我们一定要真心为顾客着想，要具有长远的眼光，而且要不断地有创新产品出现。"而大多数公司做不到这些，他们把目光放在竞争对手身上，而不是消费者身上。他们通常从事两三年就能盈利的产业，如果短期内没有回报，他们就会转向其他行业。他们喜欢做跟随者，而不是创新者，因为前者的保险系数更高。

亚马逊成功的秘密，就是——我们与众不同。亚马逊的确也是这么做的。你会发现，亚马逊将大部分盈利都投入在了技术创新和不断开发新的业务上，这些新生业务在短期内无法显现它的盈利变现能力，但是如果你愿意耐心等待，并持续投入，那么3~7年后，你会看见它的成果。

这就是滚雪球的魅力，只有眼光放得足够长远的人，才能够亲眼见证它带来的惊人效果。

04

那么，如何让自己的人生以滚雪球的算法运行呢？

1.确定长期目标

将时间线拉长至3~5年，思考自己3~5年后想要的生活，或者想要达成的目标，以及可能遇到的危机。

我认识的一个朋友，几年前，他还是一名公司的中层管理人员，虽然事业蒸蒸日上，但是想到三五年后行业可能受到电商的冲击，于是在工作之余和妻子开了一家服装店。服装店连续亏损了 3 年，但他依然没有放弃，而是用自己的收入去弥补服装店的亏损。

直到前两三年，服装店终于开始盈利。正如他所料，由于电商的冲击，这两年行业内很多公司都关掉了线下的网点，而自己所在的公司也被并购。

人到中年突然失了业，他并不失落，也不慌张。因为早在 5 年前，他就考虑到这个可能，提前做了准备，于是他转变重心，将大部分精力投入在服装店的运营上，安全着陆。

我们不妨将时间线拉长到 3 ~ 5 年，让自己现在的行为为长期的目标服务，为可能到来的危机提前做准备。

2. 加大投入

我认识的一位创业者，她说自己在 30 岁之前，没有存过一分钱。

赚到的钱都用来干什么呢？就做两件事，交朋友和买书学习。

前者，是投资未来的人脉；后者，是投资认知。

她后悔吗？当然不后悔，这两件事虽然让她花了不少钱，但回报更大。毕业后 5 年，她的薪资收入比刚毕业时翻了几番。在公司工作的那段时间，她又在业余时间里开了个公众号。一开始，关注她公众号的人寥寥无几，她便向这方面的大佬请教。过了一段时间，她有一篇文章成了爆文，被广泛传播。很快，她的公众号就积累了几十万粉丝。

这次投资，直接奠定了她后面创业的基础。

所以投资自己，到底投什么呢？

可以投三个方面：能力、认知和人脉。

这三方面是未来收入的增长点，它不能马上变现，但它们就像一个个雪球，在漫长的坡道上帮助你实现指数级增长。

3. 坚定执行

大部分人都是先看见再相信，但拥有滚雪球算法的人，往往是先相信后看见。这意味着，在这个过程中你会受到反对、诋毁和质疑，但是依然会坚定不移地走下去。

大多数人的时间浪费在"将信将疑"四个字上，相信的部分使你坚持，怀疑的部分又使你无法全情投入。因此，时间和机会就在这两者间浪费殆尽，而你只能看着错过的机会捶胸顿足。贝佐斯说过一句话："Day 2 是停滞期。接踵而来的是远离主业，然后是一蹶不振，业绩痛苦地下跌，最后是死亡。这就是为什么我们总是处于 Day 1。"

这和第二曲线的概念不谋而合。

第二曲线，要求当你的第一曲线进入上升期的时候，就要寻找第二曲线，在其他领域发现新的业绩增长点，用第一曲线的利润投入在第二曲线上。这样当第一曲线进入衰退期的时候，第二曲线刚好显现出强劲的增长。

这对于个人的启示是：永远不要满足于现有的成就，让自己始终有一两个触角在 Day1，持续发现并找到能力和收入的新增长点。